Tillandsia

空氣鳳梨中文圖鑑 & 教戰守則

引文：台灣的第一本中文的空氣鳳梨圖鑑書
　　　還有作者自己親身經驗的教戰守則

自序

記得小時候，我見到一種長得很奇怪的植物，隨口問了一句話：「那是什麼植物啊？」對方回答：「鳳梨花」。那時，在我那幼小的心靈裏，直覺的反應是：「是在開我的玩笑嗎?鳳梨花怎麼會長這個樣子呢？這樣子會結鳳梨嗎？會開花嗎？」……漸漸的，筆者也忘了這件事。

到了中學時，在一次偶然的機會中，筆者到高雄市勞工公園逛花市時，見到了小時候看到的奇怪植物，趨前一問，得到的答案，居然如同小時候的一樣：「鳳梨花。」經過業者的介紹，得知這種植物非常好種，只要澆一點水、隨便亂種，就會開花、長小芽。在好奇心的趨使之下，買了自己的第一顆空氣鳳梨。

由於自己也是愛逛花市的人，所以在往後的日子裏，陸陸續續地，也發現了一些不同型態的空氣鳳梨。因此，筆者就努力的儲蓄，好去購買空氣鳳梨。所以，每到假日，筆者就瘋狂的往花市去尋寶。幸好，在那個時期，在勞工公園裏販賣的品種不多，否則對一個中學生而言，那是一大筆開銷。然而，由於資訊的不發達，空氣鳳梨究竟該如何種植呢？沒有人可以說得清楚，甚至於連其學名是什麼？也都不知道。也因為如此，自己損失了不少空氣鳳梨。漸漸的，我對空氣鳳梨的熱忱，就慢慢的消逝了。

步入職場後，在偶然的機會中，看到有人在介紹空氣鳳梨，不自覺的又喚起了自己對空氣鳳梨的熱忱。也因此，我開始瘋狂的收集相關資料，甚至於也向國外購買空氣鳳梨及相關書籍。在當時，很多人不知道空氣鳳梨是什麼？所以筆者只能夠靠自己摸索，並且上網去查資料。然而，資料幾乎都是國外的，而且不見得適合我們這邊的環境。而現在呢？雖然資訊發達，進口商進口的品種也增加很多，就連認識空氣鳳梨的人也增加了。但是空氣鳳梨要如何種植？還是有很多人搞不清楚。目前國內介紹空氣鳳梨的中文圖鑑書籍一本也沒有，而坊間有些雜誌所介紹的基本入門品種圖片，也有張冠李戴的情形出現，真是令人為之氣結啊！當我和朋友閒聊

時，就有人建議筆者自己來寫，可是面對那麼多的空氣鳳梨玩家，筆者何敢夸夸其談！

但是，筆者去年在逛花市時，發現還是有很多人不知道空氣鳳梨到底是什麼植物？這樣子能活嗎？能結鳳梨嗎？該如何種植？……像這種狀況，就如同筆者小時候不懂的情況一樣。空氣鳳梨已經出現在臺灣那麼多年了，還是有很多人不認識這種植物，甚至於有人還認為這是假的，根本種不活。面對這種情況，筆者就又想起朋友的勸告：「寫本空氣鳳梨的書，介紹這種植物給大眾知道，讓大家能更加認識空氣鳳梨。」所以，筆者終於鼓起勇氣，將自己及友人的經驗寫了這本書。希望此書的完成，能夠讓認識或不認識空氣鳳梨的讀者，能在此書中找到自己想知道的答案，並且利用網路、文章，或者以口耳相傳的方式，讓大眾了解空氣鳳梨，更進一步的喜歡上空氣鳳梨。

而筆者會想要撰寫這本書的動機，純粹是自己對空氣鳳梨有種莫名的狂熱，而想把空氣鳳梨推廣給大家認識。但礙於平時要忙於工作，只能利用工作閒暇時，整理照片及撰寫內文，並不能百分之百的投入，若讀者覺得本書有不夠縝密之處，敬請見諒，多多包涵。另外，本書的「圖鑑區」在介紹空氣鳳梨品種時，不但以其品種的學名寫入，還儘可能的蒐集現在坊間空氣鳳梨所用的中文俗名，特別將其標示出來。希望能讓讀者們在看此書時，輕鬆的閱讀。若愛好空氣鳳梨的前輩、讀者們認為本書有疏謬之處，敬請不吝指正。謝謝！

此書能夠付梓，首先要感謝筆者的岳父、岳母、二姐夫許中立先生、姐姐們、內人及小舅子等人的鼓勵及支持。讓我在幾度想放棄時，仍有動力寫下去。而筆者在撰寫及彙整此書期間，承蒙好友—魏宏勝先生、陳信全先生、郭明昌先生、顏明雄先生、蘇勤屯先生、方宏晉先生等人，無私的提供自己收藏的空氣鳳梨，特此致謝。最後，還要感謝友人潘健源先生和陳怡霖先生的技術支援，讓對電腦不太懂的筆者，能夠順利整理照片，而得以完成這本空氣鳳梨圖鑑書。

祝椿貴　　謹識　　2009年9月

Tillandsia

目錄  *Tillandsia*

一、空氣鳳梨的簡介

　　空氣鳳梨是一種什麼樣的植物呢？相信大部份接觸到的人，都會經由介紹得知，空氣鳳梨是一種不用種在泥土裡，只靠吸收空氣中的水分，就能存活的一種觀賞植物。而且它還有很多型態，令人賞心悅目，讓人們愛不釋手。為什麼它叫做空氣鳳梨呢？筆者在這裡簡單的介紹如下：

1. 空氣鳳梨的學名及由來：

　　空氣鳳梨又名空氣草、鐵蘭花……等。屬於植物界(Plantae)、被子植物門（Magnoliophyta）、單子葉植物綱（Liliopsida）、禾本目（Poales）、鳳梨科（Bromeliaceae）、鐵蘭亞科（Tillandsioideae）、鐵蘭屬（Tillandsia），是鳳梨科中最大的一個屬，為多年生草本植物。因其大部份的品種為附生型，又能只靠空氣中的水氣，就能夠存活。在原產地，空氣鳳梨常常生長在岩壁、樹上、屋頂、電線桿上，甚至於在電線上，都可見到其蹤影。所以，很多人也稱它們為air plant。

　　在西元1753年時，Tillandsia首先被瑞典植物學家Carolus Linnaeus（西元1707~1778年）發現，並以他所景仰的瑞典植物學家Tillands來命名（有另外一種說法為芬蘭醫師Elias Tillands所命名）。目前知道空氣鳳梨的品種，包括原種、變異種、交配種，已經超過了一千種以上，而且每一年也都陸續有新的品種被發表出來。

2. 空氣鳳梨的原產地分佈：

　　空氣鳳梨的原產地大部分分佈在墨西哥、阿根廷、厄瓜多爾、秘魯、巴西、亞馬遜河流域等中南美洲、南美洲地區及西印度群島。一部份則分佈在美國南部，德州、加州、佛羅里達州等地。空氣鳳梨的分佈區域很廣，從海濱、岩壁到高海拔山區，從沙漠地區到熱帶雨林區，都可見到空氣鳳梨的蹤跡。空氣鳳梨大部份的品種是生長在乾燥的環境中，有小部份的品種是生長在潮濕的地區。

3. 空氣鳳梨的大小型態差距與絨毛(trichome)的功用：

　　空氣鳳梨主要為附生型，少部份是地生型。空氣鳳梨的大小型態差距非常大，大型的空氣鳳梨其展葉直徑可達一公尺以上（如：格蘭迪斯，Til.grandis），而小型的空氣鳳梨其展葉直徑則不到一公分（如：牙籤，Til.bryoides）。

許多附生型的空氣鳳梨，生長在乾燥的地區，而它們是如何吸收水分的呢？其主要是靠葉片上充滿麟片狀的絨毛(trichome)來攔截、吸收空氣中的水份。所以，為了更容易攔截、吸收空氣中的水分，生長在越乾燥地區的空氣鳳梨，其葉片上的絨毛(trichome)則會越明顯、更增生發達。

在高山、野地的空氣鳳梨，絨毛明顯的品種，其絨毛表現出來的顏色，有時候會呈現出暗灰白色，這和我們一般所購買到的空氣鳳梨明顯不同。因為在本地所購買的空氣鳳梨，幾乎都是園藝場所栽培，絨毛明顯的品種，其絨毛看起來都是銀白色、乾乾淨淨的。所以，讀者若有機會到原產地，看到野生的空氣鳳梨（如：小精靈，Til.ionantha），其絨毛看起來灰灰髒髒的，請不要懷疑是您看錯了。

4. 空氣鳳梨的繁殖方式：

空氣鳳梨的繁殖方式，大多以種子、裔芽、走莖，甚至於在花序頂端的節間基部長出新芽，來繁衍下一代。一般而言，空氣鳳梨在開花的前後，其植株或多或少，都會有子代產生。而且等其子代長大到一定程度時，或適逢開花季節時，其子代也有機會開花。相對的，在這個開花時期，也還有機會再產生另一批子代。所以，這可說是空氣鳳梨繁衍族群最快的方式。

空氣鳳梨也會以種子的方式繁殖，但是空氣鳳梨實生苗的生長速度非常緩慢。對一般的品種而言，從發芽到長大、成熟、開花的時間，快則需要三到五年的時間。但對某些大型品種的空氣鳳梨來說，則需要耗時數十年才能完成繁殖。然而，若我們以另一個角度來看，其實以種子的方式去繁殖，空氣鳳梨的基因不但能重組，也能和別的品種產生新的交配種。

5. 空氣鳳梨在原生地區的現況：

在空氣鳳梨的原生地區，當地人常常視空氣鳳梨為雜草。在屋頂、路邊、樹上，甚至於電線上，常常處處可見叢生的空氣鳳梨。也因此，有時候當地居民會因為環境的因素或農作物的生長受到妨礙等原因，而每隔一段時間，必須將空氣鳳梨鏟除掉。另外，有時候當地的住民會為了方便耕作，以及畜牧上的需要，而放火將雜草、雜木及空氣鳳梨等野生植物燒掉。幸好，空氣鳳梨它本身的生命力很強韌，並沒有因此而消失匿跡。它們會為了能生存下去，而在其開花前後，藉由長出側芽或結種子的方式，來不斷的繁衍出後代。

　　後來，空氣鳳梨會逐漸受到人們的注目及喜愛，是因為有一些人在無意中發現，空氣鳳梨的外型有很多種型態，其造型又非常特異。且每逢開花季節時，某些品種的空氣鳳梨，會因其葉子變紅及抽花梗等外型上的種種變化，而更令人賞心悅目。所以，空氣鳳梨才漸漸的被園藝業者們及一些當地的住民當作是一種裝飾、觀賞的植物。也因為如此，空氣鳳梨開始有了經濟價值，而野生的空氣鳳梨也漸漸的被園藝業者們採集、收購，不至於全部被當成垃圾處理。所以，誰說植物不會為自己找出路呢？

6. 華盛頓公約對原產地瀕臨絕種的空氣鳳梨之保育：

　　由於空氣鳳梨本身具有觀賞等經濟價值。人們便開始大量的採集野生的空氣鳳梨販賣，以致於某一些種類在原產地，發現到已被採集至瀕臨絕種。所以為了保護這些品種不在原產地消失。華盛頓公約將以下幾種空氣鳳梨：Til.harrisii、Til.kammii、 Til.kautskyi、Til.mauryana 、Til. sprengeliana 、Til.sucrei、 Til. xerographica等品種列為保護植物，任何人皆不得販賣以上幾種野採的空氣鳳梨植株。所以，現在市面上，我們若看到是被列為保育品種的空氣鳳梨，它們都是經過人工培育的空氣鳳梨，而不是野外採集的空氣鳳梨。

　　由於人類因為活動或經濟等因素造成了對野生動植物的獵取及採集，而導致某些動植物瀕臨絕種。所以，華盛頓國際公約組織為了要避免瀕臨絕種的野生動植物滅絕，便大力推動─瀕臨絕種野生動植物國際貿易公約（CITES: Convention on International Trade in Endangered Species of Wild Fauna and Flora），並於一九七三年三月三日，在美國的首府華盛頓簽署此公約。故又簡稱為華盛頓公約。此公約在一九七五年開始生效。此公約的內容共有二十五章，還另外有三個層級的附錄物種。

7. 空氣鳳梨的未來願景：

　　由於二十一世紀的資訊及交通都非常發達，才會讓世界各國的許多愛花人士們，更有機會能夠認識到空氣鳳梨這種植物，並發現空氣鳳梨擁有許多種的型態美，進而去收集、栽種它。目前在國外，因為有許多園藝業者及花友們，都陸續投入繁殖場的栽種行列，而得以讓許多不一樣品種的空氣鳳梨，呈現在世人的面前。相信在不久的未來，還會有更多的空氣鳳梨的愛好者加入育種及不斷改良的栽種行列，而讓更多不一樣品種的空氣鳳梨，得以新面貌呈現在我們的眼前，就讓我們一起拭目以待吧！

二、空氣鳳梨圖鑑　　　　　*Tillandsia*

原產地縮寫索引表：

產地縮寫	產地英文名	產地中文名	產地縮寫	產地英文名	產地中文名
Arg.	Argentina	阿根廷	His.	Hispaniola	海地
Bel.	Belize	貝里斯	Hon.	Honduras	宏都拉斯
Bol.	Bolivia	玻利維亞	Jam.	Jamaica	牙買加
Brz.	Brazil	巴西	Mex.	Mexico	墨西哥
C. Am.	Central America	中美洲	Nic.	Nicaragua	尼加拉瓜
Col.	Colombia	哥倫比亞	Pan.	Panama	巴拿馬
Cos.	Costa Rica	哥斯大黎加	Par.	Paraguay	巴拉圭
Cub.	Cuba	古巴	Per.	Peru	秘魯
Dom.	Dominica	多明尼加	Sur.	Surinam	蘇利南
Ecu.	Ecuador	厄瓜多爾	Tri.	Trinidad	千里達
Sal.	El Salvador	薩爾瓦多	U.S.	United States	美國
Flo.	Florida	美國 佛羅里達州	Urg.	Uruguay	烏拉圭
Gut.	Guatemala	瓜地馬拉	Ven.	Venezuela	委內瑞拉
Guy.	Guyana	蓋亞那	Wes.	West Indies	西印度群島

圖鑑說明：

---

1. Tillandsia aeranthos (Loiseleur) L.B.Smith

A　　　　　　　　B

原產地:Brz. Par. Urg. Arg.　　　高度:0～200m

　　　　　　　C　　　　　　　　　D

容易栽種，容易叢生的品種，有多種型態。開藍色花。

　　　　　　　E

俗名：紫羅蘭

　　F

A：圖片編號
B：學名
C：原產地
D：生長標高
E：簡單說明
F：俗名

Tillandsia

Tillandsia achyrostachys E.Morren ex Baker

- 原產地：Mex. • 生長標高：690～2400 m
- 說明：此品種屬於綠葉系、中小型的空氣鳳梨。在低溫、日照充足的環境下種植，開花時，會由葉子的中心伸出一支劍型的粉紅色花莖，開黃綠色的花。容易叢生，喜歡通風良好及光線明亮的地方。

Tillandsia aeranthos (Loiseleur) L.B.Smith

- 原產地：Arg. Brz. Par. Urg. • 生長標高：0～200 m
- 說明：此品種屬於綠葉系、長莖型的空氣鳳梨，具有多種型態。容易栽種又容易叢生。一般是開藍色的瓣狀花。喜愛水分和通風明亮的地方。是市面上常見的入門品種之一。
- 俗名：紫羅蘭

Tillandsia aeranthos `Grisea`

- 說明：此品種屬於綠葉系、長莖型的空氣鳳梨，其特徵為葉子的顏色比一般型的白。開藍色的瓣狀花。容易栽種又容易叢生。喜愛水分和通風明亮的地方。

空氣鳳梨中文圖鑑
& 教戰守則

Tillandsia aeranthos `Mini Purple`

- **說明**：此品種屬於綠葉系的空氣鳳梨。葉子的顏色容易呈現出紫色，個體比一般型的小。在開花時期，葉子上的紫色婚姻色，會更為明顯。容易栽種又容易叢生。喜愛水分和通風明亮的地方。
- **俗名**：迷你紫羅蘭

Tillandsia aizoides Mez

- **原產地**：Arg.Bol.
- **生長標高**：600～2600 m
- **說明**：此品種屬於綠葉系、小型的空氣鳳梨。其特徵是葉子短小、質地較硬，成長很緩慢。容易栽種，容易叢生。喜愛水分和通風明亮的地方。

Tillandsia albertiana Vervoorst

- **原產地**：Arg.
- **說明**：此品種屬於綠葉系、小型的空氣鳳梨。外型亮麗，容易栽種又容易叢生。開花時，會由葉子的中心，開出明亮的紅色花，喜愛水份和通風明亮的地方。

Tillandsia albida Mez & Purpus ex Mez

· 原產地：Mex.

· 生長標高：1300～1500 m

· 說明：此品種成長快速，長度可達一公尺以上。開花時，會開白黃色的管狀花，喜歡陽光，容易栽種，容易叢生。喜愛水分和通風良好的地方。是市面上常見的入門品種之一。

· 俗名：阿比達

no.
008

Tillandsia ampla Mez & Sodiro ex Mez

· 原產地：Ecu.　· 說明：此品種屬於綠葉系，中大型的空氣鳳梨。葉子薄又修長，喜愛水分及通風明亮的地方。以盆植為佳。在悶熱時期，則要避免葉芯積水。

no.
009

Tillandsia anceps Loddiges

· 原產地：C. Am. to Col. Brz.　· 生長標高：0～1300 m

· 說明：此品種屬於綠葉系、中小型的空氣鳳梨。外型像小型的Til.cyanea，開紫色瓣狀花。容易栽種，容易叢生。喜愛水分及通風明亮的地方。

· 俗名：艾森

no.
010

no.
011

Tillandsia andicola Gillies ex Baker

· 原產地：Arg.　· 說明：此品種屬於長莖型、小型的空氣鳳梨。容易叢生。喜愛水分及通風明亮的地方。在水份不足時，容易乾枯死亡。

Tillandsia andreana E.Morren ex Andre

- 原產地：Col. • 生長標高：400～1750 m
- 說明：此品種屬於綠葉系、小型的空氣鳳梨。容易栽種。外型亮麗搶眼，葉子細長呈放射狀。開花時，會開鮮紅色的花，型態與Til.funckiana相似。喜愛水分及通風明亮的地方。
- 俗名：紅寶石

Tillandsia arequitae (Andre) Andre ex Mez

- 原產地： Par. Urg. • 生長標高：200 m
- 說明：此品種屬於中小型的空氣鳳梨。葉子寬又厚實，絨毛細緻明顯，成長緩慢。開白色花，花會有香味。容易種植，容易叢生。喜愛陽光、水分充足及通風的地方。

Tillandsia araujei Mez

- 原產地：Brz.
- 生長標高：0～900 m
- 說明：此品種屬於綠葉系、長莖型的空氣鳳梨。外型有許多型態。成長快速，容易叢生，容易種植。喜愛水分和光照及通風良好的地方。是市面上常見的入門品種之一。可以露天種植。
- 俗名：阿珠伊

no. 015

Tillandsia argentina C. H. Wright

- 原產地：Arg. Bol.
- 生長標高：400～1600 m
- 說明：此品種屬於小型的空氣鳳梨。成長緩慢。容易叢生。葉子厚實，且葉片上有明顯皺縮的表面，開粉紅色的瓣狀花，花朵很醒目。喜愛水分及通風明亮的地方。是市面上常見的入門品種之一。
- 俗名：阿根廷

no. 017

no. 016

Tillandsia atroviolacea R.Ehlers & P.Koide

- 原產地：Mex.
- 生長標高：1700 m
- 說明：此品種屬於綠葉系、中大型的空氣鳳梨，在原產地常見其生長於岩壁上。葉子光滑、厚實。喜愛水分、日照充足及通風良好的環境。

Tillandsia arhiza Mez

- 原產地：Brz. Par.
- 生長標高：200 m
- 說明：此品種屬於長莖型的空氣鳳梨，外型貌似Til.paleacea，絨毛細緻明顯。花會有香味。容易種植，容易叢生。喜愛水分及通風明亮的地方，可在露天下栽種。

no.
018

no. 018 Tillandsia atroviridipetala Matuda

- 原產地：Mex.
- 生長標高：1500～3500 m
- 說明：此品種屬於小型的空氣鳳梨，其很少超過十公分。外型貌似Til.plumosa。開綠色花，絨毛細緻明顯。喜愛水分、日照充足及通風良好的地方。但在夏、秋時期，應避免未乾燥時，就放在大太陽下直射，葉芯很容易受損。

no.
019

no. 019 Tillandsia australis Mez

- 原產地：Arg. Bol. · 生長標高：700～3900 m
- 說明：此品種屬於綠葉系、中大型空氣鳳梨。喜愛水份及通風明亮的地方。成長快速，容易種植。可以用積水鳳梨（盆植）的方式種植。是國外庭園造景的素材之一。

no.
020

no.
021

no. 020 Tillandsia baileyi Rose ex Small

- 原產地：Tex. to Nic. · 生長標高：0～2500 m
- 說明：此品種屬於中小型的空氣鳳梨，葉子厚實，基部呈圓壺狀，容易開花，開紫色管狀花。喜愛水份及通風明亮的地方。容易種植又容易叢生。市面上常見的入門品種之一。
- 俗名：貝利藝

no. 021 Tillandsia balbisiana Schultes f.

- 原產地：U.S. Mex. C.Am. Col. Ven. Wes.
- 生長標高：0～1500 m
- 說明：此品種屬於中小型的空氣鳳梨。在原產地分佈很廣，從海濱到山上，都有其蹤跡。容易種植，容易叢生。開紫色管狀花。喜愛水份及通風明亮的地方。是市面上常見的入門品種之一。
- 俗名：柳葉

Tillandsia balsasensis Rauh
- 原產地：Per. ·生長標高：1700 m
- 說明：此品種屬於中小型的空氣鳳梨。外型和 Til.lorentziana很相似。喜愛充足的水分、陽光及通風的地方。容易叢生，容易種植。對環境的適應力很強，可以在露天或半日照下的環境種植。

Tillandsia bandensis Baker
- 原產地：Arg. Bol. Brz. Par. Urg.
- 生長標高：300～2000 m
- 說明：此品種屬於小型的空氣鳳梨，外型可愛又討喜。葉子修長，絨毛細緻明顯。容易叢生、容易種植。花呈淡淡的香味。喜愛水分及通風明亮的地方。
- 俗名：扁擔西施

Tillandsia bartramii Elliott
- 原產地：U.S. Mex. Gut. ·生長標高：0～200 m
- 說明：此品種屬於中小型的空氣鳳梨。外型像小型的Til.juncea，很容易開花，開紫色管狀花。喜愛水分及通風明亮的地方。容易叢生又容易種植。

Tillandsia belloensis W.Weber
- 原產地：Mex. ·生長標高：1000～1400 m
- 說明：此品種屬於綠葉系、中型的空氣鳳梨。在未開花時，外型很像Til.polystachia。喜愛水分及通風明亮的地方。容易叢生，容易種植。可以露天種植。

Tillandsia bergeri Mez

- **原產地**：Arg. ・**生長標高**：100 m
- **說明**：此品種屬於中小型的空氣鳳梨。外觀很像Til.aeranthos。容易叢生，成長快速，對環境適應力很強。喜愛水分及通風明亮的地方。是市面上常見的入門品種之一。
- **俗名**：貝姬

Tillandsia biflora Ruiz & Pavon

- **原產地**：Cos. Pan.to Bol. Per.
- **生長標高**：1900〜3000 m
- **說明**：此品種屬於綠葉系、中小型的空氣鳳梨。外型華麗夢幻，喜好水份及通風明亮的地方。但在太熱的地方，不易栽培。尤其是在夏秋時期，要特別注意可能會有爛芯的狀況出現。

Tillandsia brachycaulos Schlechtendal

- **原產地**：Mex. to Pan.
- **生長標高**：600〜1200 m
- **說明**：此品種屬於綠葉系、中小型的空氣鳳梨。開花時，會開出紫色的管狀花。且葉子會由綠色轉變成紅色或粉紅色。容易栽種，容易叢生，喜愛水份及通風明亮的地方。是市面上常見的入門品種之一。
- **俗名**：貝可利

Tillandsia bourgaei Baker

- **原產地**：Mex.
- **生長標高**：800〜2900 m
- **說明**：此品種屬於綠葉系、中大型的空氣鳳梨。開花時，有時候花型會像Til. prodigiosa.喜愛水分及通風明亮的地方。但在太熱的地方，不易照顧。尤其是在夏秋時期，要特別注意可能會有爛芯的狀況出現。

Tillandsia

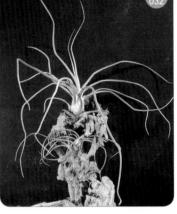

no. 032 Tillandsia bulbosa `Giant`

- 說明：此品種屬於綠葉系、中小型的空氣鳳梨。此圖是Til. bulbosa `Giant`和一般的Til. bulbosa的對照。在比較之下，可知其大小差距。容易叢生、容易種植。喜愛水份及通風明亮的地方。

no. 030 Tillandsia brachycaulos `Selecta`

- 原產地：Mex. to Pan.　　· 生長標高：600～1200 m
- 說明：此品種屬於綠葉系、中小型的空氣鳳梨。開花時，外型令人驚豔，葉子的顏色會由綠色轉變成鮮紅色。容易種植，容易叢生，喜愛水份及通風明亮的地方。
- 俗名：貝可利

no. 033 Tillandsia butzii Mez

- 原產地：Mex. to Pan.
- 生長標高：1000～2300 m
- 說明：此品種屬於中小型的空氣鳳梨。具有圓蔥狀的基部，容易叢生及容易種植。喜愛水份及日照充足、通風良好的環境。是市面上常見的入門品種之一。
- 俗名：虎斑、小天堂

no. 031 Tillandsia bulbosa Hooker f.

- 原產地：Bel. Brz. Mex. Per.　　· 生長標高：0～1350 m
- 說明：此品種屬於綠葉系、中小型的空氣鳳梨。外型有很多種型態，且大小差距很大。具有壺狀的基部。容易開花、容易叢生、容易種植。喜愛水份及通風明亮的地方。是市面上常見的入門品種之一。
- 俗名：小章魚、小蝴蝶

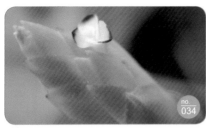
no.
034

no.
035

Tillandsia cacticola L. B. Smith

no.
034

no.
035

- 原產地：Per.
- 生長標高：300～2300 m
- 說明：此品種屬於中小型的空氣鳳梨。由種名的字義上來看，可知是「生長在仙人掌的」意思。開花時，會開出白色且鑲紫邊的瓣狀花。喜歡水分、日照充足及通風良好的環境。

no.
036

no.
038

no.
037

no.
039

Tillandsia cacticola `Stem type`

no.
036

no.
037

- 原產地：Per.
- 生長標高：300～2300 m
- 說明：此品種屬於長莖型的空氣鳳梨，其開花的型態，非常漂亮，很像 Til.straminea，但是花不具香味。容易叢生，喜歡水分、日照充足及通風良好的環境。

Tillandsia caerulea H.B.&K.

no.
038

no.
039

- 原產地：Ecu. Per.   • 生長標高：900～2700 m
- 說明：此品種屬於細長型的空氣鳳梨，在產地常常可見其群聚叢生在一起。開花時，會開紫色的瓣狀花。花具有香味。喜愛水分、通風良好及光照充足的環境。

no.
040

no. 040 Tillandsia califanii Rauh

* 原產地：Mex.　* 生長標高：1200～1700 m
* 說明：此品種屬於中型的空氣鳳梨。其特徵是在開花
時，會由葉子的中心伸出筆直的白霧狀、劍型花梗，
開紫色花。喜愛光線充足和通風良好的環境。可露天
種植。

no. 042 Tillandsia caliginosa W.Till

* 原產地：Arg. Bol.
* 生長標高：1000～3000 m
* 說明：此品種屬於小型的空氣鳳梨。開黃褐
色的花，花呈淡淡的香味。容易栽種、容易
叢生，喜愛水分和通風良好及光線充足的環
境。是市面上常見的入門品種之一。

no.
043

no.
042

no. 043 Tillandsia calothyrsus Mez

* 原產地：Mex.　* 生長標高：2100 m
* 說明：此品種屬於中大型的空氣鳳梨。外觀貌似大型
的Til.tricolor。在低溫及日照充足的環境下開花，葉子
易呈現出紅色，開紫色管狀花。喜愛水分、通風良好
及光線充足的環境。

no. 044 Tillandsia capillaris Ruiz & Pavon

原產地：Arg. Bol. Ecu. Per.

生長標高：300～3600 m

說明：此品種屬於小型的空氣鳳梨。外型可愛，令人
討喜。其特徵是葉子短小、油亮，容易叢生成群。喜
愛水分、通風良好及光線充足的環境。

no.
044

no. 045 Tillandsia capitata Grisebach`Domingensis`

- **原產地**：Dom.　• **生長標高**：800～1000 m
- **說明**：此品種屬於小型的空氣鳳梨。在日照充足的環境中，葉子的顏色常呈現出紫紅色。容易種植又容易叢生。喜愛水分、通風良好及光線充足的環境。是市面上常見的入門品種之一。
- **俗名**：卡比它它

no. 047 Tillandsia capitata `Marron`

- **說明**：此品種屬於中大型的空氣鳳梨。外觀近似 Til.capitata `Yellow`。在日照充足的環境裏，葉子會呈現出紅褐色。開花時，葉子中心會呈現黃色。喜愛水分與通風明亮的環境。可露天種植。
- **俗名**：卡比它它——馬龍

no. 046 Tillandsia capitata `Hondurensis`

- **原產地**：Hon.　• **說明**：此品種屬於小型的空氣鳳梨。開花時，葉子會由綠色轉變成粉紅色。容易種植又容易叢生。喜愛充足的光線和水分及通風良好的環境。

no. 048 Tillandsia capitata `Orange`

- **說明**：此品種屬於綠葉系、中大型的空氣鳳梨。開花時，上端的葉子會由綠色轉變成橙色。喜愛水分、通風良好及光線充足的環境。容易種植又容易叢生。
- **俗名**：卡比它它

no. 049 Tillandsia capitata `Red`

- **說明**：此品種屬於綠葉系、中大型的空氣鳳梨。開花時，葉子會由綠色轉變成紅色的色澤。容易種植又容易叢生。喜愛水分、通風良好及光線充足的環境。
- **俗名**：卡比它它

Tillandsia

Tillandsia capitata `Roja`

・原產地：Mex. ・說明：此品種屬於綠葉系
、中大型的空氣鳳梨。`Roja`原意為紅色的
意思。就像是在開花時期，上端的葉子會
由綠色轉變成紅色。喜愛水分、通風良好
及光線充足的環境。容易種植又容易叢生。

・俗名：卡比它它——羅加

Tillandsia capitata `Salmon`

・說明：此品種屬於中大型的空氣鳳梨。在開花前後，葉
子會變成鮭肉色。喜愛水分、通風良好及光線充足的環
境。容易種植又容易叢生。可露天種植。

・俗名：卡比它它

Tillandsia capitata `Yellow`

・說明：此品種屬於中大型的空氣鳳梨。開
花時，上端葉子的外圍會轉變成暗紫色，
中心部份會呈現出黃色。容易種植又容易
叢生。喜愛水分和通風明亮的地方。可露
天種植。

・俗名：卡比它它

Tillandsia caput-medusae E.Morren

・原產地：C. Am. Mex. ・生長標高：40～2400 m

・說明：此品種屬於中小型的空氣鳳梨，有多種型態。葉
子的外型，神似希臘神話中的蛇髮女妖－美杜莎，名稱
是由此而來。容易種植又容易叢生。喜愛水份和通風明
亮的地方。是市面上常見的入門品種之一。

・俗名：女王頭

no.
055

Tillandsia caput-medusae `Sonoran Snow`

- 原產地：Mex. · 說明：此品種屬於中小型的空氣鳳梨。原產於墨西哥。在光線充足的環境下栽種，白色的絨毛會更加明顯。開花時，會開紫色管狀花。容易種植又容易叢生。喜愛水份和通風明亮的環境。
- 俗名：女王頭

no.
056

no.
057

no.
057

Tillandsia carlos-hankii Matuda

- 原產地：Mex. · 生長標高：2900 m
- 說明：此品種屬於中大型的空氣鳳梨。外型非常優美，開花的花期，可長達數個月。但在低緯度、太熱的地方，則不容易栽種。喜愛水份及通風明亮的地方。
- 俗名：寶塔

no.
056

Tillandsia cardenasii L.B.Smith

- 原產地：Bol. · 生長標高：2730 m
- 說明：此品種屬於中小型的空氣鳳梨。外型類似Til.lorentziana的空氣鳳梨。在夏秋時期，若水份不足時，生長容易停頓。喜愛光照和充足的水分及通風良好的環境。

Tillandsia carlsoniae L.B.Smith

- **原產地**：Mex.　　**生長標高**：1500～2400 m
- **說明**：此品種屬於中大型的空氣鳳梨。喜愛水份及通風明亮的環境。開花時，會開紫色的管狀花。但是要特別注意，此品種非常怕熱。在本地種植，有一定的困難度。

Tillandsia carminea W.Till

- **原產地**：Brz.　　**生長標高**：0～1200 m
- **說明**：此品種屬於小型的空氣鳳梨。絨毛明顯，開花的花型貌似小型的Til.stricta。喜愛充足的光線和水份及通風良好的地方。
- **俗名**：卡蜜拉

Tillandsia caulescens Brongniart ex Baker

- **原產地**：Per.　　**生長標高**：500～3300 m
- **說明**：此品種屬於綠葉系、中小型的空氣鳳梨。開花時，其紅色的劍狀花莖，觸感就如同薄塑膠一般。開白色花。容易種植又容易叢生。喜愛水份及明亮通風的環境。
- **俗名**：紅劍

Tillandsia cauligera Mez

- **原產地**：Per.　　**生長標高**：2400～3100 m
- **說明**：此品種屬於長莖型的空氣鳳梨。是很喜愛水的品種。但在夏季時，要特別小心高溫悶熱的時期，以免有爛芯的狀況發生。並須注意水份的補充。喜愛明亮通風的環境。

Tillandsia chaetophylla Mez

- 原產地：Mex.
- 生長標高：1700～2200 m
- 說明：此品種屬於中小型的空氣鳳梨。在未開花時，外型像雜草一般，也像小型的Til.juncea。容易種植又容易叢生。喜愛水份及明亮通風的環境。

Tillandsia chapeuensis Rauh

- 原產地：Brz.　　• 生長標高：1000 m
- 說明：此品種屬於中小型的空氣鳳梨。葉子很薄，絨毛明顯，外觀像Til. gardneri一般。容易種植，喜愛充足的日照和水份及通風良好的環境。

Tillandsia chiapensis C.S.Gardner

- 原產地：Mex.　　• 生長標高：600 m
- 說明：此品種屬於中型的空氣鳳梨。種名是由原產於墨西哥的Chiapas省而來。在日照充足的種植環境下，葉子容易呈現出粉紅色，且絨毛會明顯增生。是美麗又容易栽植的品種。
- 俗名：香檳

Tillandsia chlorophylla L.B.Smith

- 原產地：Gut. Hon.
- 生長標高：150～400 m
- 說明：此品種屬於綠葉系、中小型的空氣鳳梨。葉子細長、光滑。開花時，會由葉子的中心伸出花梗，開紫色管狀花。容易種植又容易叢生。喜愛水份及通風明亮的環境。可以盆植。

Tillandsia circinnatoides Matuda

· 原產地：Cos. Mex.　· 生長標高：600～1500 m

· 說明：此品種屬於中小型的空氣鳳梨。開花時，花梗不容易分支，葉子紋路清晰是此品種的特徵。喜歡通風明亮的環境。但在購買時須注意，在未開花時，此品種容易和Til.paucifolia `Guatemalan form`混淆。

Tillandsia comarapaensis H.Luther

· 原產地：Bol.　· 生長標高：1850 m

· 說明：此品種屬於小型的空氣鳳梨，具有硬質的葉子，葉尖容易乾燥。開白色或紫色的瓣狀花。容易種植。喜愛水份及通風明亮的環境。

Tillandsia compressa Bertero ex schultes f.

· 原產地：Col. Cos. Dom. Mex. Pan. Sal. Wes.

· 生長標高：200～1850 m

· 說明：此品種屬於中大型的空氣鳳梨。外型很像Til.fasciculata，經常被誤認。開紫色管狀花。容易種植，喜愛水份及通風明亮的環境。

Tillandsia concolor L.B.Smith

· 原產地：Mex. Sal.

· 生長標高：50～1200 m

· 說明：此品種屬於中小型的空氣鳳梨。對環境適應力很強，在露天及半日照的環境下，皆可種植。喜愛水份及通風明亮的環境。容易叢生，是市面上常見的入門品種之一。

俗名：空可樂

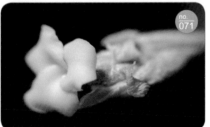

Tillandsia copanensis Rauh & J.Rutschmann in Rauh

- 原產地：Hon.
- 說明：此品種屬於大型的空氣鳳梨，葉長可達一公尺。開花時，花梗太長、太重時，會往下垂。容易種植。喜愛水份及通風明亮的環境。可採用盆植的方式種植。

Tillandsia crocata (E.Morren) Baker

- 原產地：Brz. Bol. Uru.
- 生長標高：900～2700 m
- 說明：此品種屬於小型的空氣鳳梨。開黃色香花，葉子上的絨毛明顯。容易種植又容易叢生。喜愛水份及通風明亮的環境。

Tillandsia cryptantha Baker

- 原產地：Mex.
- 說明：此品種屬於中小型的空氣鳳梨。外型與Til.brachycaulos很像，開花時，葉子會由綠色轉變成紅色。開紫色管狀花。容易種植又容易叢生。喜愛水份及通風明亮的環境。

Tillandsia cyanea Linden ex K.Koch

- 原產地：Ecu.
- 生長標高：0～850 m
- 說明：此品種屬於中小型的空氣鳳梨。綠色的葉背，帶有紅色的條紋。開花時，花梗如一支亮麗的球拍。花呈現淡淡的紫丁花香味。容易叢生，容易種植。喜愛水份及通風明亮的環境。以盆植為佳。是市面上常見的入門品種之一。
- 俗名：球拍

26

Tillandsia cyanea
Linden ex K.Koch
`Variegata`
- 原產地：Ecu.
- 生長標高：0～850 m
- 說明：此品種屬於中小型的空氣鳳梨。此圖為出線藝的Til. cyanea，其葉子的安定度不佳，分為中斑及外斑。容易種植又容易叢生。喜愛水份及通風明亮的環境。
- 俗名：球拍

Tillandsia deppeana Steudel
- 原產地：Mex.
- 生長標高：1000～1800 m
- 說明：此品種屬於綠葉系的空氣鳳梨，以盆植為佳。容易叢生。但在人工種植的環境下，葉尖容易乾枯。喜愛充足的水份和及通風明亮的環境。

Tillandsia diaguitensis
A.Castellanos
- 原產地：Arg. Par.
- 生長標高：300～400 m
- 說明：此品種屬於硬葉、長莖型的空氣鳳梨。會開出大又具香味的白色花，味道像似柑橘的香味。容易種植又容易叢生。喜愛水份及通風明亮的環境。
- 俗名：白水晶

no.
078

no.
079

no. 078 no. 079 Tillandsia didisticha (E.Morren) Baker

- 原產地：Arg. Bol. Brz. Par.
- 生長標高：500～1500 m
- 說明：此品種屬於中小型的空氣鳳梨，開花時，從花梗抽出到開完花的時間，可長達數月。葉子上佈滿細緻的絨毛，開白色花。容易種植又容易叢生。喜愛水份及通風明亮的環境。

no. 080 Tillandsia didisticha `Small form`

- 說明：此品種屬於小型的空氣鳳梨。外型小巧可愛，令人喜愛。是漂亮的裝飾花材之一。容易種植又容易叢生。喜愛水份及通風明亮的環境。

no.
080

no.
081

no. 081 Tillandsia diguetii Mez & Roland-Gosselin ex Mez

- 原產地：Mex.　生長標高：0～200 m
- 說明：此品種屬於小型的空氣鳳梨。外型貌似小型的Til.streptophylla。開花時，會開紫色的管狀花。此品種容易有自家受粉的機會。容易種植又容易叢生。喜愛水份及通風明亮的環境。

Tillandsia disticha H.B. & K.
- 原產地：Col. Ecu. Per.
- 生長標高：10～2100 m
- 說明：此品種屬於中小型的空氣鳳梨。開黃色的小花，具有壺型的基部。喜愛水份及明亮通風的環境。容易種植又容易叢生。可在露天下種植。

Tillandsia dodsonii L.B.Smith
- 原產地：Col. Ecu. Per.　•生長標高：1000～1200 m
- 說明：此品種屬於綠葉系、中小型的空氣鳳梨。開的花為白色、中間帶淡黃色的香花。花梗很長，太重時，花梗會往下彎曲。喜愛水份及明亮通風的環境。建議以盆植為佳。

Tillandsia dudleyi L.B.Smith
- 原產地：Per.　•生長標高：1700～2100 m
- 說明：此品種屬於中小型的空氣鳳梨。葉子上的絨毛細緻又明顯。喜愛水份及明亮通風的環境。可採用盆植的方式種植。

Tillandsia dura Baker
- 原產地：Brz.　•生長標高：0～800 m
- 說明：此品種屬於中小型的空氣鳳梨。葉子的質感，稍有硬度。開花時，紅色的劍型花梗會非常明顯。容易種植又容易叢生。喜愛水份及明亮通風的環境。

no. 086 **Tillandsia duratii var.duratii Visiani**

no. 087

- 原產地：Arg. Bol. Par. Uru.
- 生長標高：300～1300 m
- 說明：此品種屬於長莖型的空氣鳳梨，葉子容易反摺，葉尖容易捲曲。開花時，花朵會呈現出濃郁的花香，造型特殊。容易叢生又容易種植。在通風良好、水分充足及全日照下種植，容易開花。
- 俗名：樹猴

no. 088 **Tillandsia duratii var.saxatilis (Hassler)L.B.Smith**

- 原產地：Arg. Brz. Bol. Par.　　• 生長標高：200～3000 m
- 說明：此品種屬於長莖型的空氣鳳梨。此變異種和原種的差別，主要是在開花時，花梗的分支，會呈現出約90度為主要特徵。喜愛水份及明亮通風的環境。容易叢生又容易種植。
- 俗名：樹猴

no. 089 **Tillandsia dyeriana Andre**

- 原產地：Ecu.　　• 生長標高：0～100 m
- 說明：此品種屬於中小型的空氣鳳梨，外型有如積水鳳梨般的亮麗，令人目不暇給。開花時，會開白色的瓣狀花。喜愛水份及明亮通風的環境。宜盆植、以半日照種植為佳。
- 俗名：戴安娜

Tillandsia

Tillandsia ecarinata L.B.Smith

- 原產地：Per.
- 生長標高：300～700 m
- 說明：此品種屬於綠葉系、中大型的空氣鳳梨。葉子光滑，喜愛水份及明亮通風的環境。建議以盆植為佳。

Tillandsia edithiae Rauh

- 原產地：Bol.
- 生長標高：2700 m
- 說明：此品種屬於長莖型的空氣鳳梨，在原產地是有如瀑布般、群生在岩壁上。在日照充足的環境下，前端的葉子有時候會透露出紅色的色彩，開紅色花。是漂亮又耐看的品種。
- 俗名：赤兔花

Tillandsia ehlersiana Rauh

- 原產地：Mex.
- 生長標高：700 m
- 說明：此品種屬於中小型的空氣鳳梨。外型奇特，具有壺型的基部，絨毛明顯發達，容易種植，容易叢生。開花時，開紫色管狀花。喜愛水分及明亮通風的環境。是基本的收藏品種之一。
- 俗名：河豚

Tillandsia eizii L.B.Smith

原產地：Gut. Mex.　生長標高：1200～2500 m

說明：此品種屬於綠葉系、中大型的空氣鳳梨。具有下垂型態的花梗，極富觀賞價值。喜愛水分及明亮通風的環境。但在太熱的地區，不易栽種。

俗名：英志

Tillandsia elizabethiae Rauh

- 原產地：Mex.　·說明：此品種屬於中小型的空氣鳳梨。原產於墨西哥，絨毛明顯，容易種植、容易叢生。開花時，會開紫色的管狀花。喜愛水分及明亮通風的環境。
- 俗名：伊麗莎白

no. 095

Tillandsia esseriana Rauh & L.B.Smith

- **原產地**：Par. **說明**：此品種屬於中小型的空氣鳳梨。容易種植、容易叢生。喜愛水分及明亮通風的環境。在日照充足下，葉子常常呈現出紅褐色，生長緩慢。

no. 096

no. 097

no. 096

Tillandsia exserta Fernald

- **原產地**：Mex. **說明**：此品種屬於中小型的空氣鳳梨，擁有修長捲曲的葉子。大型的Til. exserta在開花時，花梗會拉得非常長，且其苞片會呈現粉紅色，非常漂亮。喜愛水分及明亮通風的環境。容易種植、容易叢生。此圖為一般型的 Til. exserta
- **俗名**：噴泉

Tillandsia extensa Mez emend. Rauh

- **原產地**：Per. **生長標高**：500～2500 m
- **說明**：此品種屬於中型的空氣鳳梨。葉面上佈滿細緻明顯的絨毛。容易種植、容易叢生。喜愛水分及明亮通風的環境。

no. 098

no. 098

Tillandsia fasciculata var. densispica Mez

- **原產地**：U.S.(Flo.) Cos. Gut.Mex. **說明**：此品種屬於綠葉系的空氣鳳梨。Til.fasciculata的產地分佈很廣，也有很多的變異種，其大小差異也很大。對環境的忍受度高。容易種植、容易叢生。喜愛水分及明亮通風的環境。
- **俗名**：費西古拉塔

no. 099

Tillandsia fasciculata var.fasciculata Swartz

- **原產地**：Mex. C. Am. Wes.to Brz. **說明**：此品種屬於中大型的空氣鳳梨。開花時，會由葉子的中心，伸出一支容易分叉的花梗，開紫色管狀花。容易種植，容易叢生。喜愛水分及明亮通風的環境。
- **俗名**：費西古拉塔

Tillandsia fasciculata `Hondurensis`

- **原產地**：Hon.
- **說明**：此品種屬於中大型的空氣鳳梨。具有厚實的葉子，葉面上白色的絨毛明顯。有時候會讓人誤以為是具有白色葉子的植株。容易種植、容易叢生。喜愛水分及明亮通風的環境。
- **俗名**：費西古拉塔

Tillandsia festucoides Brongniart ex Mez

- **原產地**：Cub. Mex. C. Am. Dom. Jam.
- **生長標高**：25～1000 m
- **說明**：此品種屬於中小型的空氣鳳梨。在原產地是附生於森林中的品種。在未開花時，外型有如雜草。會開紫色管狀花。容易叢生且容易種植。喜愛水分及明亮通風的環境。

Tillandsia filifolia Schlechtendal & Chamisso

- **原產地**：Mex. to Cos.
- **生長標高**：100～2000 m
- **說明**：此品種屬於細葉、小型的空氣鳳梨。在本地的種植環境，很容易開花。喜愛水分及明亮通風的環境。容易種植又容易叢生。是市面上常見的入門品種之一。
- **俗名**：綠毛毛

no. 103 Tillandsia flabellata Baker

- 原產地：Mex. to Sal.
- 生長標高：225～1580 m
- 說明：此品種屬於中大型的空氣鳳梨，外型有多種型態。開花時，會由葉子的中心伸出多支劍型的花梗。容易叢生，容易種植。喜愛水份及明亮通風的環境。是市面上常見的入門品種之一。
- 俗名：煙火、火燄

no. 104 Tillandsia flexuosa Swartz

- 原產地：U.S. Cos. Pan. Wes. to S. Am.
- 生長標高：0～480 m
- 說明：此品種屬於中大型的空氣鳳梨，外型有多種型態。外型奇特，子代會從基部及花梗間長出來。容易種植又容易叢生。喜愛水分及明亮通風的環境。
- 俗名：旋風木柄鳳

no. 106 Tillandsia foliosa Martens & Galeotti

- 原產地：Mex. ・ 說明：此品種屬於中小型的空氣鳳梨。開花時，具有亮麗的外型，有如積水鳳梨一般漂亮。容易種植又容易叢生。喜愛水份及明亮通風的環境。可採用盆植的方式種植。

no. 105 Tillandsia floribunda H.B.& K.

- 原產地：Ecu. Per. ・ 生長標高：900～2500 m
- 說明：此品種屬於中小型的空氣鳳梨。此圖為一般型的Til. floribunda，外型有如Til.juncea一般。容易種植又容易叢生。喜愛水分和光線充足及通風良好的環境。

no. 107　Tillandsia fuchsii var. fuchsii W.Till

- **原產地**：Gut. Mex.　・**生長標高**：1300 m
- **說明**：此品種屬於小型的空氣鳳梨。外型為銀葉系、具針狀、細葉型的品種，葉子由中心向外放射出。容易種植又容易叢生。喜愛水分及明亮通風的環境。是市面上常見的入門品種之一。
- **俗名**：白毛毛、海膽

no. 108　Tillandsia fuchsii forma gracilis W.Till

- **原產地**：Gut. Mex.　・**說明**：此品種屬於小型的空氣鳳梨，葉子比一般型的葉子細，體型也較小。喜愛水分及明亮通風的環境。但是要記得在植株未完全乾燥時，不要在大太陽底下曝曬，會很容易造成損傷。
- **俗名**：白毛毛、海膽

no. 109　Tillandsia funckiana Baker

- **原產地**：Ven.　・**生長標高**：400～1750 m
- **說明**：此品種屬於細葉、長莖型、中小型的空氣鳳梨。有很多種型態，觀賞價值高。開花時，會開亮麗、鮮紅色的花，常會引起人們的注目。容易叢生又容易種植。喜愛水分及明亮通風的環境。
- **俗名**：小狐尾

no. 110　Tillandsia funebris A.Castellanos

- **原產地**：Arg. Bol. Par.　・**生長標高**：500～850 m
- **說明**：此品種屬於小型的空氣鳳梨。葉子有點硬度，生長緩慢。開花時，會開出黃褐色的瓣狀花，花呈現淡淡的香味。容易叢生，容易種植。喜愛水分及明亮通風的環境。
- **俗名**：迷你香花

Tillandsia gardneri var.gardneri Lindley

- 原產地：Col. to Brz. ・ 生長標高：0～1600 m
- 說明：此品種屬於中小型的空氣鳳梨。薄薄的葉子，葉面上覆蓋細緻的絨毛。有個多分岔的花梗，型態特殊、美麗。容易種植。容易自家受粉。喜愛水分及明亮通風的環境。
- 俗名：薄紗

Tillandsia gardneri var.rupicola E.Pereira

- 原產地：Brz. ・ 生長標高：0～50 m
- 說明：此品種屬於中小型的空氣鳳梨。此變異種的體型，是其家族中最大型的品種。具有銀白色、薄片的葉子。喜歡高溼度的環境。容易種植，喜愛水分及明亮通風的環境。可盆植。
- 俗名：巨型薄紗

Tillandsia geminiflora Brongniart

- 原產地：Arg. Brz. Par. Uru.
- 生長標高：0～1400 m
- 說明：此品種屬於綠葉系的空氣鳳梨。具有綠色、薄片的葉子。水份不足時，葉尖容易乾枯。容易種植。喜愛水分及明亮通風的環境。可採用盆植的方式種植。
- 俗名：綠薄紗

Tillandsia

Tillandsia globosa Wawra

- 原產地：Brz. Ven. ・ 生長標高：525～850 m
- 說明：此品種屬於中小型的空氣鳳梨。有翠綠的葉子。未開花時，外型有如小草一般。開花時，其開出的花貌似Til.geminiflora。開粉紅色的瓣狀花。容易種植又容易叢生。喜愛水分及明亮通風的環境。可採用盆植的方式栽種。

Tillandsia grandis Schlechtendal

- 原產地：Mex. to Nic. ・ 生長標高：850～1500 m
- 說明：此品種屬於大型的空氣鳳梨，為地生型。喜愛光照，容易栽種，其展葉可達一公尺以上。喜愛水分及通風良好的環境。在露天的環境下種植時，可以採用積水鳳梨的方式栽種。可盆植。
- 俗名：格蘭迪斯

Tillandsia guatemalensis L.B.Smith

- 原產地：Mex.to Pan. ・ 生長標高：1100～2800 m
- 說明：此品種屬於綠葉系的空氣鳳梨，外型有多種型態。是喜愛水份的品種，最好以盆植、半日照的方式種植。喜愛明亮通風的環境。
- 俗名：瓜地馬拉

Tillandsia gymnobotrya Baker

- 原產地：Mex. ・ 生長標高：900～2400 m
- 說明：此品種屬於綠葉系、中型的空氣鳳梨。葉子薄，非常喜愛水分。開花時，會由葉芯生出許多劍型的花梗，開紫色管狀花。喜愛充足的光照和通風良好的環境。

 Tillandsia hamaleana E.Morren

- 原產地：Ecu. Per.
- 生長標高：0～2000 m
- 說明：此品種屬於綠葉系、中型的空氣鳳梨。葉子薄。開花時，開紫色的瓣狀花，花朵明顯。喜愛水分及明亮通風的環境。以盆植為佳。

 Tillandsia harrisii R.Ehlers

- 原產地：Gut. · 生長標高：500 m
- 說明：此品種屬於中小型的空氣鳳梨。現在為國際保育品種之一。外型貌似Til.capitata。在充足的日照和水份的種植環境下，成長會很快速。容易種植又容易叢生。開花時，開紫色的管狀花。喜愛明亮通風的環境。
- 俗名：哈里斯（懂西語的朋友說此h不發音，正確音譯為阿里斯。）

 Tillandsia hammeri Rauh & R. Ehlers in Rauh

- 原產地：Mex.
- 生長標高：2500 m
- 說明：此品種屬於中型的空氣鳳梨。具有硬又細長的葉子，有如大型的Til.juncea。開花時，開紫色的管狀花。容易種植又容易叢生。喜愛水分及明亮通風的環境。

 Tillandsia heteromorpha Mez

- 原產地：Per. · 生長標高：850 m
- 說明：此品種屬於長莖型、中小型的空氣鳳梨。葉子細，絨毛明顯，外型貌似長莖型的Til.tectorum。容易種植又容易叢生。喜愛水分及明亮通風的環境。是市面上常見的入門品種之一。
- 俗名：大狐尾

Tillandsia hildae Rauh

- 原產地：Per.
- 生長標高：1000～1200 m
- 說明：此品種屬於中大型的空氣鳳
  梨，外型有多種型態。喜愛陽光，
  葉子上的斑紋有時候很明顯，為空
  氣鳳梨中少有的特徵。容易種植又
  容易叢生。喜愛水分及明亮通風的
  環境。建議盆植為佳。
- 俗名：斑馬

Tillandsia hondurensis Rauh

- 原產地：Hon. · 生長標高：1800 m
- 說明：此品種屬於中小型的空氣
  鳳梨。原產地是在宏都拉斯首都
  Tegucigalpa附近。外型和Til.harrisii
  很像。開花時，會由葉子的中心開
  出紫色管狀花。喜愛水份、明亮通
  風的地方。可盆植。
- 俗名：宏都拉斯

Tillandsia imperialis E.Morren ex Mez

- 原產地：Mex. Sal. · 生長標高：1300～2700 m
- 說明：此品種屬於中大型的空氣鳳梨。開花時，花莖為
  （橘）紅色，貌如初生的筍子般亮麗，令人驚豔。喜愛
  潮溼、明亮通風的環境。但是此品種卻非常怕熱，在人
  工的種植環境下，不容易栽種。
- 俗名：帝王

Tillandsia incarnata H. B. & K.

- 原產地：Col. Ecu. Ven. · 生長標高：500～3200 m
- 說明：此品種屬於長莖型的空氣鳳梨。容易叢生。喜愛
  濕氣充足、光線明亮、通風良好的地方。在夏、秋時期
  ，須避免植株在未乾燥時，受到烈陽曝曬，而造成損傷。

Tillandsia humilis Presl

- 原產地：Ecu. Per. · 生長標高：2000～3300 m
- 說明：此品種屬於中型的空氣鳳梨。開花時，會開橘色
  的花。在空氣鳳梨中，其花色是少見的顏色。容易叢生
  的品種。喜愛充足的水份、明亮的光照和通風良好的地
  方。

 Tillandsia intermedia Mez

- 原產地：Mex. • 生長標高：0～1000 m
- 說明：此品種屬於中小型的空氣鳳梨。其特色是
  子代會從植株的基部及花序頂端的節間基部長出
  來。對環境的適應力強，容易種植、容易叢生。
  喜愛充足的水分及明亮通風的地方。
- 俗名：花中花

 **Tillandsia ionantha var.stricta Hort.
ex Koide**

- 原產地：Mex. • 生長標高：2000 m
- 說明：此品種屬於小型的空氣鳳梨。開花時期，
  在光線充足、日夜溫差大時，葉子的顏色會由綠
  色轉變成紅色，開紫色的管狀花。容易栽種、容
  易叢生，喜愛水分及明亮通風的環境。
- 俗名：小精靈

 Tillandsia ionantha Planchon

- 原產地：Mex. to Nic. • 生長標高：450～1700 m
- 說明：此品種屬於中小型的空氣鳳梨，外型有多
  種型態。開花時，葉子會由綠色轉變成紅色。容
  易栽種、容易叢生，是市面上常見的入門品種之
  一。喜愛水分及明亮通風的環境。
- 俗名：小精靈（早期稱為章魚鳳梨）

**Tillandsia ionantha var.stricta
forma fastigiata Koide**

- 原產地：Mex. • 生長標高：2000 m
- 說明：此品種屬於小型的空氣鳳梨。外型如花生
  米般，非常特殊。開花時，葉子的顏色會由綠色
  轉變成紅色，開紫色的管狀花。容易栽種、容易
  叢生，喜愛水分及明亮通風的環境。
- 俗名：小花生、花生米

Tillandsia

Tillandsia ionantha var. vanhyningii M.B.Foster

- 原產地：Mex. • 說明：此品種屬於中小型的空氣鳳梨。其外型不同於一般的Til.ionantha，為長莖型的品種。開花時，葉子的顏色會由綠色轉變成粉紅色，開紫色的管狀花。容易栽種、容易叢生，喜愛水分及明亮通風的環境。

- 俗名：長莖型小精靈

Tillandsia ionantha `Huamelula`

- 原產地：Mex. • 說明：此品種屬於中小型的空氣鳳梨。其為中大型的Til.ionantha，原產於南墨西哥。開花時，葉子的顏色會由綠色轉變成(粉)紅色。開紫色的管狀花。容易栽種、容易叢生，喜愛水分及明亮通風的環境。

Tillandsia ionantha `Crested`

- 說明：此品種屬於小型的空氣鳳梨。外型屬於綴化的品種，非常耐人尋味。容易栽種、容易叢生，喜愛水分及明亮通風的環境。

- 俗名：綴化小精靈

Tillandsia ionantha `Fuego`

- 原產地：Gut. • 說明：此品種屬於小型的空氣鳳梨。在開花時期，其葉子會快速生長。而長出來的葉子，容易轉變成鮮紅色。此品種最早被發現在瓜地馬拉的紅樹林。開紫色的管狀花。容易栽種、容易叢生，喜愛水分及明亮通風的環境。

Tillandsia

41

no.136 Tillandsia ionantha `Druid`

- 說明：此品種屬於小型的空氣
鳳梨。未開花時，其外觀就如
同一般的小精靈。但在開花時
期，會開白色的管狀花，上端
的葉子同時會轉變成黃色。容
易栽種、容易叢生，喜愛水分
及明亮通風的環境。是市面上
常見的入門品種之一。
- 俗名：白花小精靈、德魯依

no.137 Tillandsia ionantha `Rubra`

- 說明：此品種屬於小型的空氣鳳梨。開花時，上
端的葉子會轉變成紅色，會開紫色的管狀花。容
易栽種、容易叢生，喜愛水分及明亮通風的環境
。是市面上常見的入門品種之一。
- 俗名：小精靈

no.138 Tillandsia ionantha `Albo - Marginata`

- 說明：此品種屬於小型的空氣鳳梨，是出線
藝的Til.ionantha。但其產生的子代，葉子的安
定性不高。開紫色管狀花。容易栽種、容易
叢生，喜愛水分及明亮通風的環境。

Tillandsia ionochroma Andre ex Mez

- 原產地：Bol. Ecu. Per.
- 生長標高：2300～3900 m
- 說明：此品種屬於綠葉系的空氣鳳梨。外型長得很像積水鳳梨。其在原產地開花時，葉子有時候會由綠色轉變成紅色。屬於怕熱的品種，在低海拔、太熱的地區，不易種植。喜愛水分及明亮通風的環境。

Tillandsia ionantha var. zebrina B.T. Foster

- 原產地：Gut. ・說明：此品種屬於小型的空氣鳳梨。在開花時，葉子會由綠色轉變成紅色，同時葉子會有橫型的紋路產生。會開紫色的管狀花。容易栽種、容易叢生，喜愛水分及明亮通風的環境。
- 俗名：斑馬小精靈

illandsia ixioides Grisebach

- 原產地：Arg. Bol. Par. Urg.
- 生長標高：0～2200 m
- 說明：此品種屬於中小型的空氣鳳梨，外型有多種型態。葉子上的絨毛細緻明顯，且葉子稍微有厚度。開黃色的花。喜愛日照、水份充足及通風良好的地方。容易種植、容易叢生。是市面上常見的入門品種之一。
- 俗名：黃水晶

Tillandsia jalisco - monticola Matuda

- 原產地：Mex. ・生長標高：0～1800 m
- 說明：此品種屬於中大型的空氣鳳梨。外觀像大型的Til.fasciculata。是亮麗又搶眼的品種。要開花時，從花梗抽出到開花結束，可長達一年。對環境適應力強，容易種植又容易叢生。喜愛水份及通風明亮的地方。

Tillandsia jucunda A.Castellanos

- 原產地：Arg. Bol.. · 生長標高：600～900 m
- 說明：此品種屬於中小型的空氣鳳梨。葉子上的絨毛明顯。開黃色的瓣狀花。容易種植，容易叢生，喜愛充足的日照和水份及通風良好的地方。是市面上常見的入門品種之一。

Tillandsia juncea (Ruiz & Pavon)Poiret

- 原產地：Mex. C. Am. Wes. to Bol. Brz.
- 生長標高：0～2400 m
- 說明：此品種屬於中小型的空氣鳳梨，外型有多種型態。葉子的外型有如西洋劍。開紫色的管狀花。喜愛水分和通風明亮的環境。容易種植又容易叢生。是市面上常見的入門品種之一。
- 俗名：大三色

Tillandsia kammii Rauh

- 原產地：Hon. · 生長標高：500～1200 m
- 說明：此品種屬於中型的空氣鳳梨。現在為華盛頓公約保護的品種之一。喜愛充足的光線和水份及通風良好的地方。
- 俗名：卡米

Tillandsia kautskyi E.Pereira

- 原產地：Brz. · 生長標高：800～1000 m
- 說明：此品種屬於小型的空氣鳳梨。現在為國際公約保護的品種之一。外型小巧可愛，討人喜歡。容易叢生。喜愛充足水份及通風明亮的環境。可盆植。
- 俗名：考特斯基

Tillandsia kegeliana Mez

- 原產地：Brz. Pan. · 生長標高：250～800 m
- 說明：此品種屬於中小型的空氣鳳梨，具有亮麗、短小又扁平的花莖。開花時，會開出豔麗的紅色花。容易種植、容易叢生。喜愛充足的水分和光照及通風良好的地方。

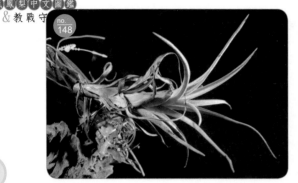

Tillandsia koehresiana R.Ehlers
- 原產地：Bol.　 • 生長標高：2000〜2500 m
- 說明：此品種屬於中小型的空氣鳳梨。開淡
  粉紫色的花，外觀長得很像Til.lorentziana。
  容易種植、容易叢生。夏天時容易休眠，會
  生長停頓。喜愛水分和通風明亮的地方。可
  以盆植。

Tillandsia kolbii W.Till & Schatzl
- 原產地：Gut. Mex.
- 生長標高：1500〜1950 m
- 說明：此品種屬於小型的空氣鳳梨。外型和
  Til.ionantha類似，所以，其又另外有一個異
  名為Til.ionantha var. scaposa。開紫色管狀花
  。容易種植、容易叢生。喜愛水分和通風
  明亮的地方。
- 俗名：可樂比、卡博士

Tillandsia kurt - horstii Rauh
- 原產地：Brz.　 • 生長標高：1000 m
- 說明：此品種屬於中小型的空氣鳳梨。葉子
  具有明顯的銀白色絨毛，會開紫色的瓣狀
  花。開的花具有香味。容易種植、容易叢
  生。適合露天種植。喜愛充足的水分和光
  照及通風良好的地方。

Tillandsia lampropoda L.B.Smith
- 原產地：Mex. to Cos.
- 生長標高：1300〜2000 m
- 說明：此品種屬於中小型的空氣鳳梨，具有
  扁平的花梗，類似Til.cyanea。開黃色的管
  狀花，是喜愛水的品種。以盆植為佳。喜
  愛通風明亮的地方。

 Tillandsia landbeckii Philippi
- 原產地：Per.
- 生長標高：300～500 m
- 說明：此品種屬於小型的空氣鳳梨。外觀長得像Til.duratii，絨毛非常明顯。花具有香味。容易種植、容易叢生。喜愛充足的水分和光照及通風良好的地方。

 Tillandsia latifolia `Enano`
- 原產地：Per.
- 生長標高：0～200 m
- 說明：此品種屬於小型的空氣鳳梨。葉子的觸感如多肉型的植株，且葉面上的絨毛細緻明顯。喜愛充足的光照及水份和通風良好的環境。
- 俗名：毒藥

 Tillandsia latifolia var.divaricata (Bentham) Mez
- 原產地：Ecu. Per.　　• 生長標高：0～1000 m
- 說明：此品種屬於中大型的空氣鳳梨。在Til. latifolia的家族中，屬於大型種。具有綠色、光滑的葉子。在開花時期，全株有時可達一公尺以上。容易種植、容易叢生。適合露天下種植。喜愛水分及通風明亮的地方。
- 俗名：毒藥

 Tillandsia latifolia `Enano Red form`
- 原產地：Per.
- 生長標高：0～200 m
- 說明：此品種屬於長莖型的空氣鳳梨。具有光滑、硬質的葉子。子代會從頂端生出，是很特別的生長方式。容易種植、容易叢生。喜愛水分及通風明亮的地方。
- 俗名：毒藥

no.
156

no.
157

no. 156 Tillandsia leiboldiana Schlechtendal

· 原產地：Cos. Gut. Mex.

· 生長標高：0～2000 m

· 說明：此品種屬於綠葉系的空氣鳳梨。其外型有如積水鳳梨般豔麗，擁有多種型態，非常搶眼。開紫色管狀花。容易種植、容易叢生。喜愛水分及通風明亮的地方。以盆植為佳。

no. 157 Tillandsia leiboldiana `Pendulous form`

· 說明：此品種屬於綠葉系的空氣鳳梨。在Til.leiboldiana的家族中，屬於小型種。其主要的特色為開花時，花梗會下垂。喜愛充足的水分和光照及通風良好的地方。

no.
158

no.
159

no.
160

no. 158 Tillandsia leonamiana E.Pereira

· 原產地：Brz. · 說明：此品種屬於中小型的空氣鳳梨。開花時，苞片為橘色。喜愛光照。葉面上的絨毛細緻明顯。容易種植、容易叢生。對環境適應力強。喜愛水分及通風良好的地方。

no. 159 Tillandsia leucolepis L.B.Smith

· 原產地：Mex. · 說明：此品種屬於中大型的空氣鳳梨。葉子厚實，常呈現出金屬綠的光澤，成長緩慢。在強光照射下，葉子有時候會呈現出紅褐色，是非常漂亮的品種。容易種植、容易叢生。喜愛水分及通風明亮的地方。可盆植。

Tillandsia limbata Schlechtendal

- 原產地：Mex. to Hon.
- 生長標高：0～1800 m
- 說明：此品種屬於中、大型的空氣鳳梨。開白色花，是會長花梗芽的品種之一。容易種植、容易叢生。喜愛水分及通風明亮的地方。可以盆植。

Tillandsia lindenii Regel

- 原產地：Ecu. Per.　• 生長標高：1250 m
- 說明：此品種屬於中小型的空氣鳳梨。外型長得像Til.cyanea。其綠色的葉子上，帶有紅色的條紋，非常亮麗搶眼。容易種植、容易叢生。喜愛水分及通風明亮的地方。以盆植為佳。

Tillandsia loliacea Martius ex Schultes f.

- 原產地：Arg. Bol. Brz. Par.　• 生長標高：0～1500 m
- 說明：此品種屬於小型的空氣鳳梨。開黃色的花，容易自家受粉。容易叢生、容易種植。喜愛水份及通風明亮的環境。

no.
165

no.
165
Tillandsia lorentziana Grisebach
- 原產地：Arg. Bol. Brz. Par.
- 生長標高：700～2600 m
- 說明：此品種屬於中小型的空氣鳳梨。在原產地是生長在岩石和樹上，開白色花。容易叢生又容易種植。喜愛水份及通風明亮的環境。適合露天種植。

no.
168

no.
166

no.
167

no.
169

no.
166
Tillandsia lorentziana `Purple flower`
- 說明：此品種屬於中小型的空氣鳳梨。開紫色花。容易種植又容易叢生。喜愛充足的光照和水份及通風良好的地方。適合露天種植。

no.
167
Tillandsia lucida E.Morren ex Baker
- 原產地：Mex. to Hon.
- 生長標高：900～1400 m
- 說明：此品種屬於綠葉系的空氣鳳梨。開花時，會分出多個花梗，非常漂亮。喜愛高溼度的環境，是非常喜愛水份的品種。但是在人工栽培的環境下，葉尖容易枯萎，建議可種植在半日照及通風良好的地方。
- 俗名：盧西達

no.
168
Tillandsia magnusiana Wittmack emend. L.B.Smith
- 原產地：Mex. to Hon. Sal.
- 生長標高：1100～2000 m
- 說明：此品種屬於小型的空氣鳳梨。具有柔軟的銀色葉子，絨毛明顯可見。喜愛充足的光照和水份及通風良好的地方。但在夏秋時期或高溫、悶溼的天候，容易有爛芯的狀況發生。
- 俗名：大白毛

no.
169
Tillandsia makoyana Baker
- 原產地：Mex. to Cos.
- 生長標高：50～1950 m
- 說明：此品種屬於中小型的空氣鳳梨。在開完花後，會很容易快速代謝。喜愛水份及明亮通風的地方。

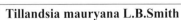

Tillandsia mallemontii Glaziou ex Mez

- 原產地：Brz.　‧生長標高：0～800 m
- 說明：此品種屬於細葉型的空氣鳳梨，非常喜愛水份。在雨季時很容易看到其開花。花會具有香味。容易種植又容易叢生。喜愛充足的光照及通風良好的地方。
- 俗名：藍花松蘿

49

Tillandsia matudae L.B.Smith

- 原產地：Mex.　‧生長標高：2000～2200 m
- 說明：此品種屬於小型的空氣鳳梨。開白色花，外觀長得像Til.velickiana。在高溫、悶濕的季節，要特別注意可能會有爛芯的狀況發生。喜愛水份及通風明亮的地方。

Tillandsia mauryana L.B.Smith

- 原產地：Mex.　‧生長標高：1500～2700 m
- 說明：此品種屬於中小型的空氣鳳梨。在原產地是生長於石灰岩壁上。主要的特色是葉子上的白色絨毛明顯、在生長時，葉子會向內彎曲、開綠色的花。喜愛水份及明亮通風的地方。現在是華盛頓國際公約保護的品種之一。
- 俗名：莫里

Tillandsia

Tillandsia micans L.B.Smith

- 原產地：Per.
- 生長標高：2950～3100 m
- 說明：此品種屬於中小型的空氣鳳梨。外型長得像Til. lorentziana。開花時，具有紅橘色的苞片，會開白色的瓣狀花。但在夏季高溫時，成長容易停頓。喜愛水份及通風明亮的地方。
- 俗名：麥可斯

Tillandsia mima L.B.Smith emend. Rauh

- 原產地：Col. Ecu.
- 生長標高：650～1885 m
- 說明：此品種屬於中大型的空氣鳳梨。在原產地是常見生長在岩壁上。在環境適合時，會生長快速。容易種植、容易叢生。適合露天種植，可以盆植。

Tillandsia mitlaensis W.Weber & R. Ehlers in Weber

- 原產地：Mex.
- 生長標高：1800 m
- 說明：此品種屬於中小型的空氣鳳梨。在日照充足下，葉子上的絨毛細緻明顯，開花時，會生長出紅色劍型的花梗，開紫色花。容易種植、容易叢生。喜愛水份和光照充足及通風良好的地方。
- 俗名：佛手、子彈

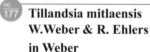

Tillandsia monadelpha (E.Morren) Baker

- 原產地：C. Am. to Brz. Ecu.
- 生長標高：0～1200 m
- 說明：此品種屬於中小型的空氣鳳梨。其外觀和Til. narthecioides相似，喜愛水分。開花時，會開白色的瓣狀花。建議可種植在半日照及通風良好之處。可採用盆植的方式種植。

Tillandsia mixtecorum Renate Ehlers & P.Koide

- 原產地：Mex. • 生長標高：2500 m
- 說明：此品種屬於綠色系、中大型的空氣鳳梨。在原產地一般是生長在岩壁上。葉子稍具有厚度。但在高溫的環境下種植，生長容易停頓。喜愛水份和光照充足及通風良好的地方。可以盆植。

180 Tillandsia montana Reitz

- **原產地**：Brz. ・ **生長標高**：750～900 m
- **說明**：此品種屬於長莖型的空氣鳳梨。在未開花時，外觀會如同大型的Til.neglecta。容易種植、容易叢生。喜愛充足的日照和水分及通風良好的地方。
- **俗名**：瑪丹娜、莫塔娜

181 Tillandsia myosura Grisebach ex Baker

- **原產地**：Arg. Bol.
- **生長標高**：700～2600 m
- **說明**：此品種屬於小型種的空氣鳳梨。葉子有厚實感。造型特殊，型態如同牛角一般。在開花時，很容易自家受粉。喜愛充足的日照和水分及通風良好的地方。容易種植、容易叢生。可露天種植。
- **俗名**：牛角

182 Tillandsia nana Baker

- **原產地**： Bol. Per.
- **生長標高**：2900～3500 m
- **說明**：此品種屬於綠葉系的空氣鳳梨，具有綠色、薄薄的葉子。雖然很喜愛水份，但是在高溫、悶熱的季節，栽種不易，常常會有爛芯的狀況發生。喜愛涼爽和通風良好的地方。
- **俗名**：娜娜

183 Tillandsia narthecioides Presl

- **原產地**：Col. Ecu.
- **生長標高**：20～960 m
- **說明**：此品種屬於中小型的空氣鳳梨。是非常喜愛水份的品種，最好用盆植的方式種植。一般常在夜間開花，會開白色的瓣狀花，花具有香味。容易種植、容易叢生。喜愛充足的日照和水分及通風良好的地方。

 Tillandsia neglecta E.Pereira

- 原產地：Brz. ·生長標高：0～2000 m
- 說明：此品種屬於長莖型、容易叢生的空氣鳳梨。
  開花時，具有鮭魚肉色的苞片，會開藍紫色的瓣狀
  花。適合露天種植，喜愛充足的日照和水分及通風
  良好的地方。
- 俗名：日本第一

 Tillandsia novakii H.E.Luther
- 原產地：Mex. ·生長標高：50～100 m
- 說明：此品種屬於中大型的空氣鳳梨。外表亮麗厚
  實，容易種植、容易叢生。在低溫、強光下種植，
  容易呈現出紅褐色的葉子。開紫黑色的花。喜愛充
  足的日照和水分及通風良好的地方。適合露天種植
  。可盆植。

 Tillandsia nuptialis Braga & Sucre
- 原產地：Brz.
- 說明：此品種屬於長莖型的空氣鳳梨，外觀與
  Til.albida相似，喜愛強光，開白色花。喜愛水
  分及通風良好的地方。適合露天種植。

Tillandsia oerstediana L.B.Smith
- 原產地：Cos. Pan. ·生長標高：1140～1200 m
- 說明：此品種屬於大型的空氣鳳梨。其特色是在光
  線充足下種植時，會顯現出具有綠色的葉面及銀白
  色的葉背。喜愛強光和水份及通風良好的地方。可
  以盆植。

Tillandsia paleacea Presl

- 原產地：Bol. Col. Per.　　• 生長標高：0～3000 m
- 說明：此品種屬於長莖型的空氣鳳梨，有多種型態，容易叢生，容易種植。開紫色瓣狀花，花會呈現香味。喜愛強光和水份及通風良好的地方。是市面上常見的入門品種之一。
- 俗名：粗糠

Tillandsia pamelae Rauh

- 原產地：Mex.
- 生長標高：1800 m
- 說明：此品種屬於綠色系的空氣鳳梨。其主要特色是開花時，花梗很容易下垂。喜愛充足的光線和水份及通風良好的地方。可以盆植。

Tillandsia parvispica Baker

- 原產地：Brz.
- 生長標高：0～1800 m
- 說明：此品種是中小型的空氣鳳梨。其基部稍為膨大，外觀貌似Til.brachycaulos。在開花時，會由葉子的中心伸出花梗，開紫色的管狀花。喜愛水份和光線充足及通風良好的地方。

Tillandsia paraensis Mez

- 原產地：Bol.Brz. Col. Guy. Sur. Ven.
- 生長標高：100～500 m
- 說明：此品種屬於中小型的空氣鳳梨。在開花時，會開出具有白霧狀、粉紅色、亮麗的花梗。是會令人眼睛一亮的品種。喜愛強光和水份充足及通風良好的地方。

Tillandsia parryi Baker

- 原產地：Mex.
- 生長標高：2350 m
- 說明：此品種屬於綠葉系的空氣鳳梨。在原產地一般是生長在岩壁上。葉子的顏色為金屬綠色。開花時，會生出一支具有多分叉的花梗，是一個非常美麗的品種。喜愛水份及通風明亮的地方。

no. 194 Tillandsia paucifolia Baker `Guatemalan form`

* 原產地：U.S. Bah. Col. Cub.Mex. Jam. Ven.
* 生長標高：0～1500 m
* 說明：此品種屬於中小型的空氣鳳梨。在原產
  地分佈非常廣泛。剛進口時，葉片是整個合起
  來，且稍微捲曲，具圓球型的基部，外型和
  Til.circinnatoides相似。喜愛強光和水份充足及
  通風良好的地方。是市面上常見的入門品種之
  一。
* 俗名：紅女王頭（一般業者稱為象牙墜子）

no. 195 Tillandsia paucifolia Baker `Mexican form`

* 說明：此品種為中小型的空氣鳳梨。其外觀介於Til.caput-
  medusaec和Til.intermedia之間，容易種植、容易叢生。喜愛充足
  的光線和水份及通風良好的地方。適合在露天下種植。可盆植
  或種在木頭上。
* 俗名：紅女王頭

no. 196 Tillandsia peiranoi A.Castellanos

* 原產地：Arg.
* 說明：此品種屬於小型的空氣鳳梨，葉子
  有一點硬度。小巧又可愛，令人愛不釋手
  。但是其生長很緩慢。喜愛水分和通風明
  亮的地方。

no. 197 Tillandsia piurensis L.B.Smith

* 原產地：Per. · 生長標高：2000 m
* 說明：此品種屬於綠色系、中大型的空氣鳳梨。
  當環境適合時，其照顧方法可以和積水鳳梨一樣
  ·不用怕積水。容易種植、容易叢生。喜愛水分
  和通風良好的地方。適合在露天下種植。可盆植

Tillandsia plagiotropica Rohweder

- 原產地：Gut. Sal.
- 生長標高：1300～1640 m
- 說明：此品種屬於小型的空氣鳳梨。其葉子為青綠色，開花時，會開白色的管狀花。在悶熱不通風的時期，容易爛芯。喜愛水分和通風明亮的地方。
- 俗名：斜角巷

55

Tillandsia plumosa Baker

- 原產地：Mex. ・生長標高：1500～2550 m
- 說明：此品種屬於小型的空氣鳳梨。其外觀為細長的葉子、絨毛非常明顯。由種名的字義上來看，可知其為「羽毛形狀的」意思。開花時，會開綠色的花。喜愛水分和通風明亮的環境。
- 俗名：普魯摩沙

Tillandsia polystachia (L.)L.

- 原產地：Mex. C. Am. Bol. Brz.
- 生長標高：0～1800 m
- 說明：此品種是綠色系、中型空氣鳳梨。容易種植、容易叢生。喜愛水分和通風良好的地方。適合在露天下種植。可以盆植。是市面上常見的入門品種之一。
- 俗名：波麗斯他亞

Tillandsia ponderosa L.B.Smith

- 原產地：Mex. Sal.
- 生長標高：2000～2700 m
- 說明：此品種屬於中大型的空氣鳳梨。其外觀的造型很引人注意。但是在太熱、低海拔的地區，不易種植。喜愛水分和通風明亮的地方。建議盆植為佳。
- 俗名：龐德羅莎

Tillandsia prodigiosa (Lemaire)Baker

- 原產地：Mex. 生長標高：1100～2500 m
- 說明：此品種屬於中大型的空氣鳳梨。在開花時，其外觀的造型很特殊，會讓人有慾望想去收集。主要特色是開花時，其開出的花莖，會往下生長，可長達1~2公尺，形態如同Til.eizii一般。喜愛水分和通風明亮的地方。建議盆植為佳。

56

no.203 Tillandsia propagulifera Rauh

· 原產地：Per. · 生長標高：450 m
· 說明：此品種屬於中大型的空氣鳳梨。是會長出花梗芽的品種之一。開紫色的管狀花。容易種植、容易叢生。喜愛充足的光線和水分及通風良好的地方。可以盆植。

no.204 Tillandsia pruinosa Swartz

· 原產地：U.S. Bol. Brz. Col.Cos. Ecu. Mex. Ven.
· 生長標高：0～1200 m
· 說明：此品種屬於小型的空氣鳳梨。其外觀是具有壺型化的基部，有明顯的絨毛，喜好高溼的環境。開紫色的管狀花。容易種植、容易叢生。喜愛充足的光線和水分及通風良好的地方。可以盆植。
· 俗名：普魯若沙

no.206 Tillandsia pseudobaileyi C.S.Gardner

· 原產地：Mex. to Nic. · 生長標高：300～1000 m
· 說明：此品種屬於中小型的空氣鳳梨。其外觀具有壺型的基部，葉子的紋路非常明顯，容易種植、容易叢生。開紫色的管狀花。喜愛充足的光線和水分及通風良好的地方。可盆植。
· 俗名：大天堂

 Tillandsia pucaraensis R.Ehlers
- 原產地：Per. ・ 生長標高：1200 m
- 說明：此品種屬於中小型的空氣鳳梨。
  其外觀的葉子修長，節間緊密。開白色
  的花。容易種植、容易叢生。但在太熱
  的天氣時，生長容易停頓。喜愛充足的
  光線和水分及通風良好的地方。可以盆
  植。

 Tillandsia pueblensis L.B.Smith
- 原產地：Mex. ・ 生長標高：2000 m
- 說明：此品種屬於中小型的空氣鳳梨。葉面上有
  明顯的絨毛，尤其是在強光下種植，整個植株易
  顯現出銀白色的外觀。開紫色的管狀花。容易種
  植、容易叢生。喜愛水分及通風良好的地方。

 Tillandsia purpurea Ruiz & Pavon
- 原產地：Per. ・ 生長標高：0～3100 m
- 說明：此品種屬於長莖型的空氣鳳梨。葉子有厚
  實感，開紫色的瓣狀花，花具有香味。喜愛充足
  的光線和水分及通風良好的地方。

 Tillandsia queroensis Gilmartin
- 原產地：Ecu. ・ 生長標高：2500～2800 m
- 說明：此品種屬於長莖型、中大型的空氣鳳梨，
  植株的長度可長達一公尺。容易種植、容易叢生
  。喜愛明亮潮濕及通風良好的環境。
- 俗名：開羅斯

Tillandsia rauhii L.B.Smith emend. Rauh
- 原產地：Per.　　• 生長標高：700 m
- 說明：此品種屬於大型、綠色系的空氣鳳梨。開暗紫色的花，其花色在空氣鳳梨中，是少見的顏色。在露天下種植，會成長快速。可以盆植。喜愛充足的水分和光照及通風良好的環境。

no.
212
Tillandsia rectangula Baker
no.
213
- 原產地：Arg. Bol.
- 生長標高：500 m
- 說明：此品種屬於綠色系、小型的空氣鳳梨，葉子具有厚實感，開黃褐色的瓣狀花。容易種植、容易叢生。喜愛充足的水分和光照及通風良好的環境。

no.
213

no.
214
Tillandsia recurvata (L.)L.
- 原產地：U.S. Arg. Mex. C. Am.
- 生長標高：0～3000 m
- 說明：此品種屬小型的空氣鳳梨。在原產地的仙人掌、樹上，甚至在電線上，都可見其蹤影。葉子的絨毛明顯。容易叢生。在開花時期，很容易自家受粉。在全日照，半日照的環境皆容易種植。
- 俗名：球青苔

no.
215

no.
215
Tillandsia recurvifolia var.recurvifolia Hooker
- 原產地：Brz. Par. Uru.　• 生長標高：2200 m
- 說明：此品種屬於中小型的空氣鳳梨。其外型及開花的樣子，和Til.leonamiana很像。此品種的苞片不但呈現粉紅色，還帶有白霧狀，開白色的瓣狀花。容易種植、容易叢生。喜愛充足的光線和水分及通風良好的地方。

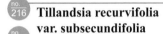

Tillandsia recurvifolia
var. subsecundifolia

- 原產地：Brz.
- 說明：此品種屬於中小型的空氣鳳梨。此變異種的苞片為橘色、並帶有白霧狀，開白色的瓣狀花。容易種植、容易叢生。喜愛光照和水分及通風良好的地方。

Tillandsia reichenbachii Baker

- 原產地：Bol. to Arg.　　生長標高：200～2000 m
- 說明：此品種屬於小型的空氣鳳梨。其外觀有如縮小版的Til.duratii，開紫色瓣狀花，花呈香味。容易種植、容易叢生。喜愛光照和水分及通風良好的地方。

Tillandsia reichenbachii `White flower`

- 說明：此品種屬於小型的空氣鳳梨。開白色瓣狀花，花呈香味。容易種植、容易叢生。喜愛光照和水分及通風良好的地方。可以盆植。

Tillandsia remota Wittmack
- 原產地：Mex. to Sal. ‧ 生長標高：180～1000 m
- 說明：此品種屬於小型的空氣鳳梨。開白色瓣狀花。在未開花時，其外觀貌似小草。容易種植，容易叢生。喜愛充足的光照和水分及通風良好的地方。

Tillandsia rhodocephala R.Ehlers & P.Koide
- 原產地：Mex. ‧ 生長標高：1500 m
- 說明：此品種屬於大型的空氣鳳梨。外型貌似大型的Til.capitata。開花時，高度可達90公分，直徑可達70公分。開紫色管狀花。容易種植、容易叢生。喜愛充足的光照和水分及通風良好的地方。

Tillandsia rhomboidea Andre
- 原產地：Cos. Gut. Mex. Pan. ‧ 生長標高：700～1300 m
- 說明：此品種屬於中小型的空氣鳳梨。外觀貌似小型的Til. fasciculata，花梗和Til.concolor相似。開紫色管狀花。容易種植、容易叢生。喜愛充足的光照和水分及通風良好的地方。

Tillandsia rodrigueziana Mez
- 原產地：Mex. to Nic. ‧ 生長標高：1200～2100 m
- 說明：此品種屬於中大型的空氣鳳梨，具有多種型態。開紫色的管狀花。開花時期從長出花梗到開花結束，可長達2~3個月。容易種植、容易叢生。喜愛充足的光照和水分及通風良好的地方。

Tillandsia roland-gosselinii Mez
- 原產地：Mex. ‧ 生長標高：400 m
- 說明：此品種屬於中大型的空氣鳳梨。在未開花時，外型會很像 Til.fasciculata，而且葉子會向內捲。葉子有時也會呈現黃綠色。但在開花時，葉子會由綠色轉變成（粉）紅色，此時色彩會很鮮艷。容易種植。容易叢生。喜愛充足的光照和水分及通風良好的地方。

no. 227

no. 227 Tillandsia roseoscapa Matuda

- 原產地：Mex.　• 說明：此品種屬於大型的空氣鳳梨。原產於墨西哥的高原沙漠，非常喜愛日照。其野生的植株可達180公分以上。容易種植，容易叢生。喜愛充足的水分和光照及通風良好的地方。

no. 228 Tillandsia roseospicata Matuda

- 原產地：Mex.
- 生長標高：2000 m
- 說明：此品種屬於中大型的空氣鳳梨。其植株最大可達70公分以上。容易種植，容易叢生。喜愛陽光和充足的水分及通風良好的地方。在本地不但可以在露天下種植，也可以盆植的方式種植。

no. 229

no. 228

no. 229 Tillandsia schatzlii Rauh

- 原產地：Mex.　• 說明：此品種屬於中小型的空氣鳳梨。葉子上有明顯的紋路，質感厚實。但生長很緩慢。開花時會由葉子的中心生出劍型的花梗，開紫色管狀花。喜愛充足的光照和水分及通風良好的地方。可以在露天下種植。
- 俗名：粗皮、蛇皮

no. 230

no. 231

no. 231 Tillandsia schreiteri Lillo & Castellanos

- 原產地：Arg.
- 生長標高：1500～2000 m
- 說明：此品種屬於中小型的空氣鳳梨。其外貌神似Til. sphaerocephala，葉面上的顏色會散發出油亮的光澤。喜愛充足的水分和光照及通風良好的地方。

no. 230 Tillandsia schiedeana Steudel `Major`

- 原產地：Mex. to Col.　• 生長標高：50～1800 m
- 說明：此品種屬於綠色系、中小型的空氣鳳梨。開黃色花，葉子細長。容易叢生。是市面上常見的入門品種之一。喜愛陽光和充足的水分及通風良好的地方。
- 俗名：琥珀

 Tillandsia schusteri Rauh
- 原產地：Mex.
- 生長標高：1350～2000 m
- 說明：此品種屬於中小型的空氣鳳梨。開黃綠色的花，是比較怕熱的品種。所以，在夏天或天氣太熱時，成長會很緩慢。喜愛陽光和充足的水分及通風良好的地方。

 Tillandsia secunda H. B. & K.
- 原產地：Ecu.
- 生長標高：2000～3500 m
- 說明：此品種屬於中大型的空氣鳳梨。開花時，花梗的長度可達150公分。在開完花後，還會在花梗上長側芽。當側芽在花梗上叢生時，整株看起來會非常壯觀、美麗。喜愛陽光和充足的水分及通風良好的地方。
- 俗名：賽肯達

 Tillandsia setacea Swartz emend. L.B.Smith
- 原產地：U.S. Mex. Gut. Sal.Ven. Wes. • 生長標高：0～800 m
- 說明：由種名的字義上來看，可知其為「刺狀的」意思。外觀貌似小型的Til.juncea。容易種植、容易叢生。喜愛陽光和充足的水分及通風良好的地方。

 Tillandsia simulata Small
- 原產地：U.S. (Flo.) • 生長標高：0～200 m
- 說明：此品種屬於中小型的空氣鳳梨。外型像大一號的Til. bartramii。容易栽種、容易叢生。開紫色管狀花。喜愛陽光和充足的水分及通風良好的地方。

 Tillandsia seleriana Mez
- 原產地：Mex. to Sal.
- 生長標高：270～2400 m
- 說明：此品種屬於中小型的空氣鳳梨。外型具有壺型的基部。在高溫、悶熱、不通風的時期，很容易爛掉，須特別小心。喜愛陽光和充足的水份及通風良好的地方。
- 俗名：犀牛角

 Tillandsia somnians
L.B.Smith

- 原產地：Ecu. Per.
- 生長標高：600～2400 m
- 說明：此品種屬於中大型的空
  氣鳳梨。在原產地可以常看見
  其叢生的植株。葉子的色彩很
  鮮艷，外觀有如積水鳳梨。其
  特色為花梗的節間會長出小芽
  。喜愛陽光和充足的水分及通
  風良好的地方。
- 俗名：索姆

 Tillandsia sprengeliana Klotzsch ex Mez

- 原產地：Brz. · 生長標高：0～300 m
- 說明：此品種屬於小型的空氣鳳梨。現在為國際保育的品種
  之一。其是非常漂亮、稀有的品種。容易栽種、容易叢生。
  喜愛陽光和充足的水分及通風良好的地方。
- 俗名：斯普雷杰

 Tillandsia sphaerocephala Baker

- 原產地：Bol. · 生長標高：950～3550 m
- 說明：此品種屬於中小型的空氣鳳梨。在原產地開花時，
  其葉子上端的顏色容易由綠色變成紅色，花梗的形態如Til.
  capitata。喜愛陽光和充足的水分及通風良好的地方。

 Tillandsia straminea H.B. & K.

- 原產地：Ecu. Per. · 生長標高：0～1000 m
- 說明：此品種具有很多種型態，大小差距很大。外型很漂亮
  又易引人注目。開白色瓣狀花，花會呈香味。容易叢生。喜
  歡水分和通風明亮的環境。
- 俗名：慧星

Tillandsia streptocarpa Baker

- **原產地**：Arg. Bol. Brz. Par.Per.
- **生長標高**：60～2300 m
- **說明**：此品種屬於小型的空氣鳳梨。外觀非常漂亮，長得很像小型的Til.duratii，一般是開紫色的瓣狀花，花會有香味。容易栽種。喜愛陽光和充足的水分及通風良好的地方。
- **俗名**：迷你樹猴、小猴子

Tillandsia streptophylla Scheidweiler ex E.Morren

- **原產地**：Mex. to Hon. **生長標高**：0～825 m
- **說明**：此品種的植株造型很特殊，葉子會因水份的多寡，而呈現出不同的捲曲度，對環境的適應力強，容易種植、容易叢生。是市面上常見的入門品種之一。適合露天種植。
- **俗名**：電捲燙、雙色花

Tillandsia stricta Solander

- **原產地**：Ven. to Arg. **生長標高**：0～1680 m
- **說明**：此品種屬於中小型的空氣鳳梨，具有多種型態。外型亮麗，容易叢生，容易開花。在環境適合時，一年可見到二至三次的花。喜愛水分及通風明亮的地方。是市面上常見的入門品種之一。
- **俗名**：多國花

Tillandsia stricta `Rigid leaf`

- **原產地**：Ven. to Arg. **生長標高**：0～1680 m
- **說明**：此品種屬於中小型的空氣鳳梨。外型非常漂亮，葉子比一般型的稍硬。一般常見到的是開紫色瓣狀花，容易栽種，容易叢生。喜愛水分及通風明亮的地方。適合露天種植。是市面上常見的入門品種之一。
- **俗名**：硬葉多國花

Tillandsia subteres
H.Luther

- 原產地：Hon.
- 生長標高：800～1000 m
- 說明：此品種屬於中大型的空氣鳳梨。在強光下種植，葉背容易呈現出紅褐色。開花時，會分叉出多個花梗。開紫色的管狀花。容易栽種、容易叢生。喜愛陽光和充足的水分及通風良好的地方。可在露天下種植。

Tillandsia sucrei E.Pereira

- 原產地：Brz. • 生長標高：11～500 m
- 說明：此品種屬於小型的空氣鳳梨。開淡粉紅色的花，容易栽種又非常漂亮。現在為華頓國際公約保護的品種之一。容易叢生，喜愛陽光和充足的水分及通風良好的地方。可以盆植或種植在流木上。
- 俗名：蘇黎士

Tillandsia superinsignis
Matuda

- 原產地：Mex.
- 生長標高：1700 m
- 說明：此品種屬於中大型的空氣鳳梨，在原產地一般是生長在岩壁上。開花時，花梗會呈現出粉紅色，且花梗分叉可高達20個以上，是非常壯觀又美麗的品種。喜愛水分及通風明亮的地方。可以在露天種植。可以盆植。

Tillandsia tectorum E.Morren

- 原產地：Ecu. to Per. • 生長標高：980～2700 m
- 說明：由種名的字義上來看，可知其為「生長在屋頂的」的意思。其外觀是會讓人眼睛為之一亮的品種。葉子上充滿了長絨毛；有多種型態，喜愛強光和充足的水分及通風良好的地方。
- 俗名：雞毛毯子

Tillandsia tectorum `Stem type`

- 說明：此品種屬於長莖型的空氣鳳梨。葉子上的絨毛明顯，喜愛水份和高光照及通風良好的地方。
- 俗名：長莖型雞毛毯子

Tillandsia tenuifolia var. surinamensis (Mez) L.B.Smith

- 原產地：Guy. to Arg.　　生長標高：350～2500 m
- 說明：此品種屬於長莖型的空氣鳳梨，葉子為青綠色，開白色花。容易種植又容易叢生。喜愛水份和高光照及通風良好的地方。可以露天種植。可以盆植。

Tillandsia tenuifolia var. surinamensis (Mez)L.B.Smith

- 原產地：Guy. to Arg.　　生長標高：0～2000 m
- 說明：此品種屬於長莖型的空氣鳳梨，葉子為青綠色，開白色花。但是有時候其葉子也會呈現出黑紫色的色彩，尤其是在開花前後，黑紫色的婚姻色會更為明顯。喜愛水份和光照充足及通風良好的地方
- 俗名：紫水晶

Tillandsia tenuifolia var. tenuifolia `Blue flower`

- 說明：此品種屬於中小型的空氣鳳梨，是市面上常見的入門品種之一。開藍色瓣狀花，容易種植，容易叢生，喜愛水份和光照充足及通風良好的地方。
- 俗名：藍色花

Tillandsia tricholepis Baker

- 原產地：Arg. Bol. Brz. Par.　　生長標高：0～5000 m
- 說明：此品種屬於長莖型的小型空氣鳳梨，在原產地分佈非常廣，對環境適應力非常強。開黃色花，容易自家受粉。容易叢生、容易種植。喜愛水份和光照充足及通風良好的地方。在本地種植可採用露天或半日照種植。
- 俗名：草皮鳳

no. 255 Tillandsia tricolor var.melanocrater (L.B.Smith) L.B.Smith

- **原產地**：Gut. to Pan. ・ **生長標高**：70～1500 m
- **說明**：此品種屬於中小型的空氣鳳梨。開紫色管狀花。但花梗的色彩有時候會不鮮明。容易種植，是市面上常見的入門品種之一。喜愛水份和光照充足及通風良好的地方。可以盆植。
- **俗名**：小三色

no. 256 Tillandsia umbellata Andre

- **原產地**：Ecu. ・ **生長標高**：2000～2400 m
- **說明**：此品種屬於中小型的空氣鳳梨。開紫色瓣狀花。其開出的花型，在T屬中是屬於大型又華麗的品種，是許多人所追求的夢幻逸品。喜愛水份和光照充足及通風良好的地方。
- **俗名**：大青紫花

no. 259 Tillandsia variabilis Schlechtendal

- **原產地**：U. S. (Flo.) Wes. Mex. to Bol.
- **生長標高**：0～2200 m
- **說明**：此品種屬於中小型的空氣鳳梨，可以用一般蘭花盆植的方式栽培，就會很容易開花、容易繁殖。開紫色管狀花。喜愛水份和光照充足及通風良好的地方。可以露天種植。

no. 257 / no. 258 Tillandsia usneoides (L.) L.

- **原產地**：T. Am. ・ **生長標高**：0～3300 m
- **說明**：此品種在原產地的分佈很廣泛，對環境適應力很強。外型為細長、易叢生成群的品種，有多種型態。開花時，帶有淡淡的香味。非常愛水，喜愛光照充足及通風良好的地方。可以露天種植。
- **俗名**：松蘿鳳梨

Tillandsia velickiana L.B.Smith
- 原產地：Gut. • 生長標高：2000 m
- 說明：此品種屬於小型的空氣鳳梨，有著柔軟的葉子，開紫色管狀花。是喜歡水又喜歡通風的品種。但是在植株未完全乾燥時，須避開盛夏的烈陽，以免受到損傷。

Tillandsia velutina R. Ehlers
- 原產地：Mex. Gut.
- 生長標高：1800 m
- 說明：此品種屬於中小型的空氣鳳梨。在開花時，其上端的葉子會由綠色轉變成紅色。開紫色管狀花。喜愛水份和光照充足及通風良好的地方。

Tillandsia vernicosa Baker
- 原產地： Arg. Bol. Par.
- 生長標高：55～2550 m
- 說明：此品種屬於中小型的空氣鳳梨。開花時，其苞片會呈現紅色，開白色花。葉子會如同Til.concolor一般，稍微具有硬度。喜愛水份和光照充足及通風良好的地方。可以露天種植。可以盆植。

Tillandsia vicentina Standley
- 原產地： Gut. Mex.
- 生長標高：1400～2700 m
- 說明：此品種屬於中小型的空氣鳳梨。其外型很容易和Til. fasciculata混淆。開紫色管狀花。葉尖容易乾枯。喜愛水份和光照充足及通風良好的地方。

Tillandsia violacea Baker
- 原產地：Gut. Mex. • 生長標高：1350～3100 m
- 說明：此品種屬於中大型的空氣鳳梨。其特色是在開花時，花梗會下垂。但是在低海拔、太熱的地區，則較不易種植。喜愛水份和光照充足及通風良好的地方。適合盆植。

Tillandsia wagneriana L.B.Smith

- **原產地**：Per. • **生長標高**：800 m
- **說明**：此品種屬於綠色系的空氣鳳梨，開紫色瓣狀花。其特性是喜歡涼爽的地區。在太熱的地方，則不容易栽種。所以須要隨時保持種植環境的通風度及水分的適時補充。

Tillandsia weberi L.Hromadnik & P.Schneider

- **原產地**：Mex. • **生長標高**：800 m
- **說明**：此品種屬於中小型的空氣鳳梨。其外觀類似短葉子的Til. circinnatoides，葉子具有厚實感。容易種植，容易叢生。喜愛水份和光照充足及通風良好的地方。

Tillandsia xerographica Rohweder

- **原產地**：Gut. Mex. Sal. • **生長標高**：200～600 m
- **說明**：此品種屬於中大型、銀葉系的空氣鳳梨，其外型壯觀又美麗，是常被拿來做為裝飾的空氣鳳梨。且其葉子也常被插花界拿來做插花的素材。現在為國際保育的品種之一。容易種植又容易叢生。喜愛水份和光照充足及通風良好的地方。可以露天種植。
- **俗名**：霸王鳳

Tillandsia xiphioides Ker Gawler

- **原產地**：Arg. Bol. • **生長標高**：700～2700 m
- **說明**：此品種屬於中小型的空氣鳳梨，其葉子的外觀有如劍型的葉子，具有硬度。但是成長很緩慢。開白色花，花會呈現出香味，喜愛水份和光照充足及通風良好的地方。可以露天種植。

Tillandsia xiphioides var. tafiensis L.B.Smith

- **原產地**：Arg. • **生長標高**：2000～3000 m
- **說明**：此品種屬於中小型的空氣鳳梨，具有厚實的葉子，喜愛光線。但是成長很緩慢。此變異種不同於原種所開的白色花，其開的花為紫色花，花也具有香味。喜愛水份和光照充足及通風良好的地方。

Hybrid （交配種）

 **Tillandsia aeranthos X
meridionalis**

- 說明：此品種屬於中小型的空氣
鳳梨，其外觀貌似Til.meridionalis
，葉子具有厚實感，絨毛細緻明
顯，容易種植又容易叢生。喜愛
水份和光照充足及通風良好的地
方。可以露天種植。

 Tillandsia aeranthos X ixioides

- 說明：此品種的外觀貌似大型的Til. aeranthos，葉子細長、絨毛
細緻明顯，容易種植，容易叢生。開紫色瓣狀花，喜愛水份和
光照充足及通風良好的地方。可以盆植。

 Tillandsia aeranthos X tenuifolia

- 說明：此品種屬於長莖型、中小型的空氣鳳梨，
其外觀貌似葉子細長的Til.aeranthos，開藍紫色的
花。容易種植，容易叢生。喜愛水份和光照充足
及通風良好的地方。

 Tillandsia albertiana X ixioides

- 說明：此品種屬於中小型的空氣鳳梨。其外觀
承襲著Til.albertiana，具有綠色厚實的葉子和容
易種植、容易叢生的特性。外型可愛又討喜。
喜愛水份和光照充足及通風良好的地方。可以
露天種植。

no. 274 Tillandsia `Mystic Trumpet` (albertiana X xiphioides)

- 說明：此品種融合了兩個親代的外貌，不但葉子上的紋路清晰明顯，還同時具有厚實的葉子。喜愛強光和水份及通風良好的地方。可以露天種植。

no. 275 Tillandsia albida X funckiana

- 說明：此品種屬於長莖型的空氣鳳梨。其外觀貌似大型的Til.funckiana，且同時承襲了兩個親代容易叢生和容易種植的特性。喜愛水份和光照充足及通風良好的地方。可以在露天下種植。

no. 276 Tillandsia albida X intermedia

- 說明：此品種屬於中小型的空氣鳳梨，其外型偏像Til.intermedia，而花梗則比較像Til.albida。其主要的特性為子代會從基部及花梗上長出來。對環境的適應力很強，可以在露天下種植。

no. 277 Tillandsia arequitae X duratii

- 說明：此品種屬於中大型的空氣鳳梨，其結合兩個親代的特性，葉子不但具有厚實感，且細緻的絨毛平鋪在葉面上，極富觀賞價值高。尤其是在開花時，整體的造型更令人驚豔。喜愛強光及通風良好的地方。在露天下種植時，其特性會更容易顯現出來。

 Tillandsia arequitae X gardneri
- 說明：此品種在適合的環境下生長時，葉子很容易肥厚，絨毛會更細緻明顯，喜愛水分和充足的日照及通風良好的地方。對環境的適應力強，可以在露天下種植。可以盆植。

Tillandsia arequitae X stricta
- 此品種融合了兩個親代的特性，其外觀不但承襲了Til. arequitae，具有硬實的質感。且同時也和Til.stricta一樣有著濃密的葉性。容易種植，容易叢生。喜愛水份和光照充足及通風良好的地方。可以在露天種植。可以盆植。

Tillandsia `Pruinariza`(ariza-juliae X pruinosa)
- 說明：此品種屬於中小型的空氣鳳梨。葉子細長，具有壺型的基部。開紫色管狀花。容易種植，容易叢生。喜愛水份和通風明亮的地方。可以在露天下種植。

Tillandsia baileyi X ionantha
- 說明：此品種屬於中小型的空氣鳳梨。葉子肥厚，具有不明顯的壺型的基部。開紫色管狀花，容易種植。繁殖力強，容易叢生。喜愛水份和通風明亮的地方。適合露天種植。

**Tillandsia X Califano
(baileyi X ionantha)**
- 說明：此品種屬於中小型的空氣鳳梨，是可愛的自然交配種。開紫色管狀花，容易種植。對環境適應力強，繁殖快，容易叢生。可以露天種植。喜愛水份和通風明亮的地方。是市面上常見的入門品種之一。

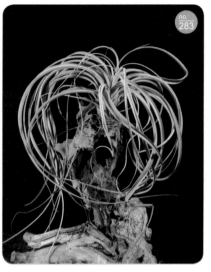

Tillandsia balbisiana X brachycaulos

• **說明**：此品種屬於中小型的空氣鳳梨，擁有類似Til. balbisiana的基部及修長的葉子。開花時，如同Til.brachycaulos一般，上端的葉子會由綠色轉變成紅色。開紫色管狀花，容易種植，容易叢生。對環境適應力強，可以露天種植。喜愛水份和通風明亮的地方。

Tillandsia `Royale`(balbisiana X velutina)

• **說明**：此品種屬於中小型的空氣鳳梨，擁有如Til.balbisiana修長微捲的葉子，對環境適應佳，容易種植，容易叢生。開花時，其伸出的花莖會由綠色轉變成紅色，開紫色管狀花。喜愛水份和通風明亮的地方。可以露天種植。

Tillandsia brachycaulos X concolor

• **說明**：此品種屬於中小型的空氣鳳梨，其葉子的觸感如稍微有硬度的Til. brachycaulos。開花時，葉子及花莖會轉變成紅色。開紫色管狀花，容易種植，容易叢生。喜愛水份和通風明亮的地方。

Tillandsia brachycaulos hybrid

• **說明**：此品種屬於中小型的空氣鳳梨，外貌如同Til. brachycaulos一樣漂亮又醒目。開花時，葉子會由綠色轉變成紅色。開紫色管狀花，容易種植，容易叢生。喜愛水份和通風明亮的地方。

Tillandsia `Heather`s Blush`
(brachycaulos X exserta)

- 說明：此品種屬於中型的空氣鳳梨，葉子修長、會向內彎曲，觀賞價值極高。開花時，會和Til.exserta一樣，花莖會拉長，開紫色管狀花。容易種植、容易叢生。喜愛水份和通風明亮的地方。

Tillandsia brachycaulos X fasciculata

- 說明：此品種屬於中型的空氣鳳梨，外型如同Til.fasciculata。開花時，卻像Til.brachycaulos一般，上端的葉子會由綠色轉變成紅色。開紫色管狀花。容易種植、容易叢生。喜愛水份和通風明亮的地方。可以露天種植。

Tillandsia `Yabba`(brachycaulos X flabellate)

- 說明：此品種屬於中小型的空氣鳳梨。未開花時，長相如Til.brachycaulos一般。但在開花時，葉子會由綠色轉變成紅色。開紫色管狀花。容易種植、容易叢生。喜愛水份和通風明亮的地方。

Tillandsia brachycaulos X
streptophylla

- 說明：此品種屬於中小型的空氣鳳梨，其外型的葉子修長、排列緊密，絨毛細緻明顯。開花時，會如同Til. brachycaulos一樣，上端的葉子會由綠色轉變成紅色，開紫色管狀花。容易種植、容易叢生。喜愛水份和通風明亮的地方。

no. 292 Tillandsia `Eric Knobloch`(brachycaulos X streptophylla)

- 說明：此品種屬於中小型的空氣鳳梨，兼具兩個親代的特色，葉性的觸感如同Til.streptophylla，且絨毛細緻明顯。開花時，會如同Til. brachycaulos，葉子會轉變成紅色。容易種植、容易叢生。喜愛水份和通風明亮的地方。
- 俗名：艾瑞克

no. 294 Tillandsia `Kacey`(bulbosa X butzii)

- 說明：此品種屬於中小型的空氣鳳梨，具有壺型的基部，葉子細長微捲。在其成熟時的體型，會比兩個親代的體型還大。外型亮麗搶眼，引人注目。容易種植、容易叢生。喜愛水份和通風明亮的地方。可以露天種植。

no. 293 Tillandsia `Eric Knobloch` cv.Variegatum

- 說明：此品種屬於中小型的空氣鳳梨，是艾瑞克的出藝型，外型亮麗又醒目。開紫色管狀花，容易種植、容易叢生。喜愛水份和通風明亮的地方。因為其是突變種，所以目前在市面上很少見。

no. 295 Tillandsia `Showtime` (bulbosa X streptophylla)

- 說明：此品種屬於中小型的空氣鳳梨，葉子細長如Til.bulbosa，且葉子的觸感厚實，絨毛細緻明顯，具有壺型的基部，開紫色管狀花。容易種植、容易叢生。喜愛水份和通風明亮的地方。可以露天種植。

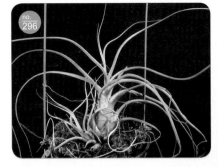

Tillandsia butzii X caput-medusae

- 說明：此品種屬於中小型的空氣鳳梨，外型具有壺型的基部，葉子如Til.butzii一樣，細長微捲，且還帶有Til.butzii特有的斑紋，開紫色管狀花。容易種植、容易叢生。喜愛水份和通風明亮的地方。

Tillandsia capitata X balbisiana

- 說明：此品種屬於中小型的空氣鳳梨。由於Til.capitata有多種型態，所以此交配種也有多種型態表現，圖片中則為另一種型態。開紫色管狀花。容易種植、容易叢生。喜愛水份和通風明亮的地方。可以露天種植。

Tillandsia capitata X balbisiana

- 說明：此品種屬於中小型的空氣鳳梨，外型類似Til.balbisiana，有著微包覆的基部，開花型態則偏向Til.capitata。開紫色管狀花。容易種植、容易叢生。喜愛水份和通風明亮的地方。可以露天種植。

Tillandsia capitata X brachycaulos

- 說明：此品種屬於中型的空氣鳳梨，外觀如同Til. capitata，細緻的絨毛平鋪在葉面上。開紫色管狀花。容易種植、容易叢生。喜愛水份和通風明亮的地方。

Tillandsia `Pink Velvet`(capitata X harrisii)

- 說明：此品種屬於中型的空氣鳳梨，是原產於瓜地馬拉的自然交配種。外型如同Til.harrisii一般，葉面上佈滿細緻的絨毛，開藍紫色的管狀花。容易種植、容易叢生。喜愛水份和通風明亮的地方。

 Tillandsia 'Calum'
(caput-medusae X brachycaulos)
- 說明：此品種屬於中小型的空氣鳳梨，
外觀貌似Til.caput-medusae。在強光的種
植環境下，其細緻的絨毛會非常清楚。
開紫色管狀花。容易種植、容易叢生。
喜愛水份和通風明亮的地方。可以露天
種植。可以盆植。

 Tillandsia circinnatoides hybrid
- 說明：此品種屬於中小型的空氣鳳梨，外型
承襲著Til.circinnatoides葉子紋路清晰。在開
花時，花梗不容易分支，會以單獨、鮮紅的
花梗來表現出其特色。容易種植、容易叢生
，喜歡水分和通風明亮的地方。可以露天種
植。

 Tillandsia caput-medusae X capitata
- 說明：此品種屬於中小型的空氣鳳梨，外觀如長葉子
的Til.caput-medusae。開花時，上端的葉子會由綠色轉
變成紅色。外型非常亮麗搶眼，開紫色的管狀花，容
易種植、容易叢生。喜愛水份和通風明亮的地方。可
以露天種植。

 Tillandsia chiapensis X
ionantha
- 說明：此品種屬於中小型的空氣鳳梨
，承襲著Til.chiapensis厚實的葉性，
搭配著類似Til.ionantha的基部。其葉
子在強光的種植環境下，容易顯現出
紫紅色。容易種植、容易叢生，喜歡
通風良好的場所。可以露天種植。可
以盆植。

 Tillandsia `Phoenix`
(concolor X capitata`Rubra`)
- 說明：此品種屬於中型的空氣鳳梨，外型像
Til.fasciculata一樣漂亮。開花時，葉子會呈現
出紅褐色，開紫色管狀花。容易種植，容易
叢生，喜歡水分和日照充足及通風良好的場
所。可以露天種植。

77

Tillandsia

 Tillandsia `Curra`
(concolor X ionantha)

• 說明：此品種屬於中小型的空氣鳳梨。開
　花時，花梗短小，而葉子會如同Til.ionantha
　由綠色轉變成紅色。開紫色管狀花，容易
　叢生，容易種植。喜歡水分和日照充足及
　通風良好的場所。可以露天種植。

 Tillandsia concolor X paucifolia

• 原產地：Mex.

• 說明：此品種屬於中小型的空氣鳳梨，是
　在墨西哥發現的自然交配種。開花時會由
　中心伸出花梗，開紫色管狀花。容易種植
　、容易開花，喜歡水分和日照充足及通風
　良好的場所。可以露天種植。

 Tillandsia concolor X streptophylla

• 原產地：Mex.

• 說明：此品種屬於中小型的空氣鳳梨，是
　在墨西哥發現的自然交配種。其葉子會稍
　微內捲，且葉子的觸感像肥厚的Til.concolor
　。開紫色管狀花。容易種植、容易開花，
　喜歡水分和通風明亮的地方。可以露天種
　植。

 Tillandsia dorotheae X ixioides

　說明：此品種屬於中小型的空氣鳳梨，外觀貌似Til. dorotheae，有著修長微捲的綠色葉子。容易種
　植，容易叢生。喜歡充足的日照和水分及通風良好的地方。

Tillandsia duratii X gardneri

• 說明：此品種屬於中大型的空氣鳳梨，葉子的外型寬大厚實。在強光的種植環境下，其銀白色的絨毛會非常發達。容易叢生，容易種植，喜歡水分和充足的日照及通風良好的地方。對環境適應力強，可以露天種植。

Tillandsia duratii X ixioides

• 說明：此品種屬於長莖型、中大型的空氣鳳梨，具有放射狀的葉型，葉子的觸感厚實，絨毛細緻明顯。容易叢生，容易種植，喜歡充足的日照和水分及通風良好的地方。對環境適應力強，可以露天種植。

Tillandsia duratii X recurvifolia

• 說明：此品種屬於中大型的空氣鳳梨，外型貌似短莖型的Til.duratii，葉上增生的絨毛明顯。其葉型像海星般呈現放射狀，葉子的觸感厚實。容易叢生又容易種植，喜歡充足的日照和水分及通風良好的地方。對環境適應力強，可以露天種植。

Tillandsia duratii X stricta

• 說明：此品種屬於大型的空氣鳳梨，承襲了兩個親代的特色。具有Til.stricta葉子緊密的特性與Til.duratii反摺的葉性和長莖型的型態。其外型非常引人注目。容易叢生、容易種植，喜歡水分及通風明亮的地方。可以露天種植。

Tillandsia `TY`(ehlersiana X bulbos)

• 說明：此品種屬於中小型的空氣鳳梨，葉子細長微捲，整體的型態較偏像Til.ehlersiana。在露天下種植時，其葉子上的絨毛會增生發達。容易叢生，容易種植，喜愛光照和水份充足及通風良好的地方。

no. 315 Tillandsia ehlersiana X streptophylla

• 原產地：Mex. • 說明：此品種屬於中型的空氣鳳梨，是在墨西哥發現的自然交配種。其融合了兩個親代的特性，具有壺型的基部，多肉型的葉子，開紫色管狀花。容易叢生、容易種植，喜歡光照和水份充足及通風良好的地方。可以露天種植。

no. 316 Tillandsia exserta X streptophylla

• 說明：此品種屬於中型的空氣鳳梨，其外型具有壺型的基部，擁有兩個親代葉子反捲的特性。葉子的觸感稍有硬度。容易種植，容易叢生，喜愛光照和水份充足及通風良好的地方。可以露天種植。

no. 317 Tillandsia fasciculate `hybrid`

• 說明：此品種屬於中大型的空氣鳳梨，外觀貌似Til. fasciculate。開花時，會抽出一支容易多分叉的花梗，整體的外型亮麗搶眼。容易自家受粉，容易種植、容易叢生。喜愛光照和水份充足及通風良好的地方。

no. 318 Tillandsia flabellata X capitata

• 說明：此品種屬於綠色系、中小型的空氣鳳梨。葉子修長且排列緊密。開花時，花梗鮮豔，開紫色管狀花。容易種植、容易叢生。喜愛光照和水份充足及通風良好的地方。

Tillandsia X floridana (L.B.Smith) H.Luther
(Til.fasciculate var.densispica X Til. bartramii)

· 原產地：U.S.(Flo.)　· 說明：此品種屬於中型的空氣鳳梨。首先是被發現在美國佛羅里達州的自然交配種。葉子細長，外型貌似Til.hammeri，開紫色管狀花。容易種植、容易叢生，對環境適應力強，可以露天種植。

Tillandsia X Correalei
(fasciculate X hondurensis)

· 原產地：Hon.　· 說明：此品種屬於中小型的空氣鳳梨。原產於宏都拉斯的自然交配種。外觀貌似Til. hondurensis。在強光的環境下種植，白色的絨毛會更細緻明顯，會令人誤以為是白色的植株。容易種植、容易叢生。喜愛光照和水份充足及通風良好的地方。

Tillandsia funckiana X flexuosa

· 說明：此品種屬於中小型的空氣鳳梨。承襲了Til.funckiana細長的葉型，和兩個親代容易叢生的特質。葉子上的絨毛細緻明顯，喜愛光照和水份充足及通風良好的地方。可以露天種植。

Tillandsia funckiana X ionantha

· 說明：此品種屬於綠色系、中小型的空氣鳳梨。外型貌似粗葉子的Til.funckiana。其葉子的排列細密，整株的型態看起來可愛又討喜，容易種植。喜愛光照和水份充足及通風良好的地方。

Tillandsia

Tillandsia intermedia X streptophylla

- 說明：此品種屬於中小型的空氣鳳梨。外型亮麗又搶眼，具有類似Til. intermedia的微突基部，葉子的觸感厚實。在微缺水的情況下，葉子會捲曲，更富有觀賞性。喜愛光照和水份充足及通風良好的地方。

Tillandsia `Victoria` (ionantha X brachycaulos)

- 說明：此品種屬於中小型的空氣鳳梨。開花時，葉子會由綠色轉成(橘)紅色。容易種植、容易叢生。喜愛光照和水份充足及通風良好的地方。M.B.Foster在西元1954年發表的美麗品種，係以當時鳳梨科協會的女秘書 Victoria Padilla來命名。
- 俗名：維多利亞

Tillandsia `Joel` (ionantha X bulbosa)

- 說明：此品種屬於綠色系、中小型的空氣鳳梨，外型可愛又討喜。具有微突出的基部，葉型貌似短葉子的Til.bulbosa，容易種植、容易叢生。喜愛光照和水份充足及通風良好的地方。

Tillandsia ionantha `Druid` X `Fuego`

- 說明：此品種屬於小型的空氣鳳梨。未開花時，外型和一般的Til.ionantha相同。但在開花時，葉子會同時顯示出紅色和黃色的婚姻色。容易種植、容易叢生。喜愛光照和水份充足及通風良好的地方。

Tillandsia ionantha X fasciculate

• 說明：此品種屬於中小型的空氣鳳梨。外型貌似葉子修長的Til.ionantha，絨毛細緻明顯。在開花時，葉片會轉變成紅色，會伸出多個短小的花莖，具有觀賞價值。容易種植、容易叢生。喜愛光照和水份充足及通風良好的地方。

Tillandsia ionantha X magnusiana

• 原產地：Mex. • 說明：此品種屬於中小型的空氣鳳梨，是在墨西哥發現的自然交配種。其外型亮麗又搶眼，比較偏像Til.magnusiana，葉子的排列緊密，絨毛細緻明顯。開花時，葉子會轉變成紅色。容易種植、容易叢生。喜愛光照和水份充足及通風良好的地方。

Tillandsia `Humbug` (ionantha X paucifolia)

• 說明：此品種屬於中小型的空氣鳳梨，具有不明顯的壺型基部，絨毛細緻明顯。在強日照下種植，開花時，葉子會由綠色轉變成紅色。容易種植、容易叢生。喜愛光照和水份充足及通風良好的地方。

Tillandsia X rectifolia (Wiley) H.Luther (ionantha X schiedeana)

• 說明：此品種屬於中小型的空氣鳳梨。產於墨西哥的自然交配種。開花時，花朵上端的顏色為淡黃色，而基部呈紫色。其花色是空氣鳳梨中少有的顏色。容易種植、容易叢生。喜愛光照和水份充足及通風良好的地方。

Tillandsia ionantha X seleriana

• 說明：此品種屬於中小型的空氣鳳梨，葉子上密佈的絨毛明顯，基部稍微膨脹，具有多肉型的葉子。開紫色管狀花，容易種植、容易叢生。喜愛光照和水份充足及通風良好的地方。

Tillandsia ixioides X aeranthos

• 說明：此品種屬於綠色系、中小型的空氣鳳梨。外貌偏像Til. ixioides，葉子向四方射出，具有厚實感，絨毛細緻明顯。容易叢生，容易種植。喜愛光照和水份充足及通風良好的地方。

Tillandsia ixioides X albertiana

• 說明：此品種屬於中小型的空氣鳳梨。葉性如Til. albertiana般油亮光滑，葉子具有厚實感。開橘紅色的瓣狀花。容易叢生，容易種植。喜愛光照和水份充足及通風良好的地方。

Tillandsia ixioides X edithiae

• 說明：此品種屬於中大型的空氣鳳梨。葉子會如海星般呈放射狀，葉子的觸感厚實。在露天下種植，葉面上的白色絨毛，會更加明顯。容易叢生，容易種植。喜愛光照和水份充足及通風良好的地方。

Tillandsia ixioides X gardner

• 說明：此品種屬於中大型的空氣鳳梨。葉子具有硬度，外型神似Til.ixioides，很容易叢生。在強光下種植，其絨毛會更加明顯。容易種植，喜愛光照和水份充足及通風良好的地方。

no. 336 Tillandsia `White Star` (ixioides X recurvifolia)

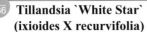

• 說明：此品種屬於中小型的
空氣鳳梨。外型可愛又討喜
。開花時，會由桃紅色的花
苞中，開出明亮的黃色花。
在強光下種植，葉面上的絨
毛會更明顯 。容易叢生，
容易種植。喜愛光照和水份
充足及通風良好的地方。

no. 337 Tillandsia `Little Star`(juncea X schiedeana)

• 說明：此品種屬於中小型的空氣鳳梨。外型像星星般
呈放射狀，具有修長的葉子。在強光下種植，葉面上
的絨毛會更加細緻明顯。容易種植、容易叢生。喜愛
光照和水份充足及通風良好的地方。

no. 338 Tillandsia juncea X tricolor

• 原產地：Cos. • 說明：此品種屬於中小型的空氣鳳梨
，首先是在哥斯大黎加發現的自然交配種。外型貌似
Til.juncea，具有綠色修長的葉子。在強光下種植，絨
毛會很明顯。容易叢生，容易種植。喜愛光照和水份
充足及通風良好的地方。

no. 339 Tillandsia leonamiana X aeranthos

• 說明：此品種屬於中小型的空氣鳳梨。開花時，會從
紅色的苞片中，開出淡紫色的花。在強光下種植，絨
毛會更加細緻明顯。容易叢生，容易種植。喜愛光照
和水份充足及通風良好的地方。

Tillandsia leonamiana X `Houston`

- 說明：此品種屬於中小型的空氣鳳梨。外型貌似 Til. `Houston`，具有三種空氣鳳梨的基因，是少見的交配種。在強光下種植，絨毛會更加明顯。容易叢生，容易種植。喜愛光照和水份充足及通風良好的地方。

Tillandsia micans hybrid

- 說明：此品種屬於中小型的空氣鳳梨。未開花時，外觀貌似硬葉子的Til.humilis。葉面厚實，絨毛細緻明顯。容易種植、容易叢生。喜愛光照和水份充足及通風良好的地方。可以露天種植。

Tillandsia `Mystic Burgundy`(muhriae X albertiana)

- 說明：此品種屬於小型的空氣鳳梨。葉子厚實，絨毛細緻明顯。在強光下種植時，葉子容易顯現出紅褐色的光澤。容易叢生，容易種植。喜愛水份和充足的光照及通風良好的地方。可以露天種植。

Tillandsia paleacea X macbrideana

- 說明：此品種屬於長莖型的空氣鳳梨。外型貌似細長的Til.paleacea，絨毛細緻明顯，容易叢生的品種。喜愛光照和水份充足及通風良好的地方。

no. 344

no. 345

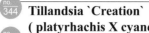

Tillandsia `Creation`
(platyrhachis X cyanea)

* 說明：此品種屬於大型的空氣鳳梨，其結合了兩個親代的亮麗外型。在充足的光線下，葉子容易呈現出紫紅色。容易叢生，容易種植。因為其不怕積水，可以採用盆植的方式，在露天下種植。
* 俗名：創世

no. 345

no. 347

no. 346

Tillandsia pseudobaileyi X streptophylla

* 說明：此品種屬於中小型的空氣鳳梨。外型貌似Til.pseudobaileyi，具有壺型的基部，葉子厚實，容易種植，容易叢生。喜愛水份和充足的光照及通風良好的地方。可以露天種植。

no. 347

Tillandsia rodrigueziana X brachycaulos

* 說明：此品種屬於中小型的空氣鳳梨。外型貌似Til.flabellate X capitata，葉子細長、緊密排列，容易叢生又容易種植。喜愛水份和充足的光照及通風良好的地方。可以露天種植。

no. 346

no. 348

Tillandsia rodrigueziana X juncea

* 說明：此品種屬於綠色系、中小型的空氣鳳梨。葉子細長，絨毛明顯，形態近似Til. juncea。開花時，其管狀花的上半部為白黃色，下半部呈現紫色的花朵。容易種植、容易叢生。喜愛水份和通風明亮的地方。

Tillandsia

Tillandsia rodrigueziana X schiedeana

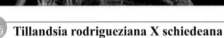

• 說明：此品種屬於綠色系、中小型的空氣鳳梨。外型漂亮，其葉子如Til.schiedeana般修長，且絨毛明顯。開黃色的管狀花。容易種植、容易叢生。喜愛水份和通風明亮的地方。對環境的適應力強。可以露天種植。

Tillandsia roseoscapa X bulbosa

• 說明：此品種屬於中大型的空氣鳳梨。細長的葉子，有如放大版的Til.bulbosa。在強光下種植，葉子會縮短變小。容易種植，喜愛水份和通風明亮的地方。對環境的適應力強，可以露天種植。

Tillandsia rothii X chiapensis

• 說明：此品種屬於中大型的空氣鳳梨。葉子厚實，外型像具有寬大葉子的Til.chiapensis。絨毛細緻明顯。在強光下種植，葉子會呈現出紫紅色的顏色。喜愛光照和水份及通風良好的地方。

Tillandsia schatzlii X brachycaulos

• 說明：此品種屬於中小型的空氣鳳梨。外型漂亮，葉子厚實，絨毛明顯。開花時，葉片會呈現出紫紅色的層次感。容易種植、容易叢生。喜愛水份和通風明亮的地方。

Tillandsia schiedeana X caput-medusae

- **說明**：此品種屬於中小型的空氣鳳梨。葉子修長、具多肉型的葉性，葉子的觸感厚實。細緻的絨毛平鋪在葉面上，使得植株看起來像白色的空氣鳳梨。容易種植、容易叢生。喜愛水份和通風明亮的地方。

89

Tillandsia schiedeana X ehlersiana

- **說明**：此品種屬於中小型的空氣鳳梨。外型奇特，具有壺型的基部，葉子的觸感厚實，排列緊密。容易種植、容易叢生。喜愛水份和通風明亮的地方。

Tillandsia seleriana X circinnatoides

- **說明**：此品種屬於中小型的空氣鳳梨。外型像Til. seleriana，具有微膨脹的基部，絨毛細緻明顯，開紫色管狀花，是可愛又討喜的品種。容易種植，容易叢生。喜愛水份和通風明亮的地方。

Tillandsia seleriana X ionantha

- **說明**：此品種屬於中小型的空氣鳳梨。葉子肥厚，具有微膨脹的基部，絨毛細緻明顯。開花時，花莖短小，開紫色管狀花。容易種植，容易叢生。喜愛水份和通風明亮的地方。

no. 357 Tillandsia sphaerocephala X streptophylla

• 說明：此品種屬於中小型的空氣鳳梨。由外觀來看，其葉子比Til.sphaerocephala厚實，絨毛細緻明顯。容易種植。喜愛日照和充足的水份及通風良好的地方。

no. 358 Tillandsia `Pacific Blue` (streptocarpa X duratii)

• 說明：此品種屬於中大型的空氣鳳梨。葉子會反摺，外觀很像Til.duratii。開花時，會伸出很長的花梗，花會有香味。其香味比兩個親代的味道更香。容易種植。喜愛水份及通風明亮的地方。

no. 359 Tillandsia `Mystic Albert ` (stricta X albertiana)

• 說明：此品種屬於中小型的空氣鳳梨。外型可愛又討喜，葉子油亮、細長。在低溫、日照充足下，綠色的葉子容易泛透出紅紫色。容易種植，容易叢生。喜愛水份及通風明亮的地方。

no. 360 Tillandsia `Feather Duster ` (stricta X gardneri)

• 說明：此品種屬於中小型的空氣鳳梨。葉子線條柔美，葉面上佈滿細緻的絨毛。開花時，搭配粉紅色的苞片，是夢幻的品種。容易種植，容易叢生。喜愛水份及通風明亮的地方。

no. 361 Tillandsia `Houston` (stricta X recurvifolia)

• 說明：此品種屬於中小型的空氣鳳梨。外觀貌似Til.recurvifolia。開花時，苞片會呈現粉紅色，開白色的瓣狀花。容易適應環境，容易叢生，喜愛水份及通風明亮的地方。

364 Tillandsia `Redy`(streptophylla X concolor)

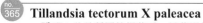

- **說明**：此品種屬於中小型的空氣鳳梨。外型亮麗，貌似Til.streptophylla，葉子向內微捲，絨毛細緻明顯。開花時，會伸出一個多分叉的花梗，開紫色管狀花。容易種植、容易叢生。喜愛水份及通風明亮的地方。

365 Tillandsia tectorum X paleacea

- **說明**：此品種屬於銀葉系、長莖型的空氣鳳梨。外型貌似Til.paleacea。在日照充足下，葉面上的絨毛會更加細緻明顯。容易種植、容易叢生。喜愛水份及通風明亮的地方。

362 Tillandsia streptophylla X brachycaulos

- **原產地**：Mex. • **說明**：此品種屬於中小型的空氣鳳梨，是原產於墨西哥的自然交配種。開花時，葉子會由綠色變成紅色，開紫色管狀花。容易種植，容易叢生。喜愛水份及通風明亮的地方。

363 Tillandsia streptophylla X caput-medusae

- **原產地**：Gut. • **說明**：此品種屬於中小型的空氣鳳梨。原產於瓜地馬拉的自然交配種。其同時融合了兩個親代的漂亮外型，具有微突出的壺型基部，葉子比Til.streptophylla細長，絨毛細緻明顯，容易種植，容易叢生。喜愛水份及通風明亮的地方。

Tillandsia

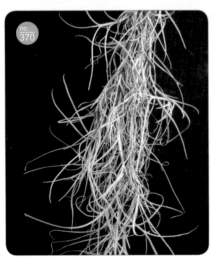

Tillandsia `Kimberly` (usneoides X recurvata)

- **說明**：此交配種兼具兩種親代的特徵，葉子細長又容易叢生。容易種植，喜愛充足的日照和水份及通風良好的地方。可以在露天下種植。

俗名：金伯利、金貝利

Tillandsia tectorum X recurvifolia

- **說明**：此品種屬於中小型的空氣鳳梨。葉子的排列緊密，呈放射狀。其外型融合了Til.recurvifolia的葉型及Til. tectorum的明顯絨毛。在強光下種植，絨毛會更加明顯。容易種植、容易叢生。喜愛水份及通風明亮的地方。

Tillandsia tenuifolia X montana

- **說明**：此品種屬於長莖型、綠色系的空氣鳳梨。葉子油亮，絨毛細緻明顯，外型貌似大型的Til. montana。容易種植、容易叢生。喜愛水份及通風明亮的地方。

Tillandsia tenuifolia X stricta

- **說明**：此品種屬於綠色系的空氣鳳梨。外型小巧可愛，貌似小型的Til.stricta，葉子細長光滑。容易照顧、容易叢生。喜愛水份及通風明亮的地方。

Tillandsia tricolor X kolbii

- **說明**：此品種屬於綠色系的空氣鳳梨。外型亮眼，葉子細長，有微突的基部。開花時，會由葉芯伸出多分叉的花梗，開紫色管狀花。容易種植，容易叢生，喜愛水份及通風明亮的地方。

no. 372 Tillandsia `Maya` (xerographica X capitata)

- 原產地：Gut.
- 說明：此品種屬於中大型的空氣鳳梨。是在瓜地馬拉發現的自然交配種。細緻的絨毛覆蓋在葉面上，葉寬介於兩個親代之間。在低溫、強光下種植，葉子容易顯現出紅紫色。容易種植，喜愛日照和水份及通風的地方。

no. 371 Tillandsia xerographica X brachycaulos

- 說明：此品種屬於中大型的空氣鳳梨。葉子的線條如Til.brachycaulos一般。而且其葉子具有厚實感，會微向內捲曲。開花時，會由葉子的中心伸出一支粗狀的花梗。容易種植，喜愛水份及通風明亮的地方。可以在露天下種植。

no. 374 Tillandsia xerographica X streptophylla

- 說明：此品種屬於中型的空氣鳳梨。外型具有Til.streptophylla的葉性，葉子會向內捲曲，形態優美。容易叢生。容易種植。喜愛充足的日照和水份及通風良好的地方。可以露天種植。

no. 373 Tillandsia X wisdomiana (xerographica X paucifolia)

- 說明：此品種屬於中大型的空氣鳳梨。植株的外觀，就像大型的Til.paucifolia。具有膨大的基部、葉子細長。俯視時，葉子排列的方式會旋轉，是著名又漂亮的品種。喜愛日照充足和水份及通風良好的地方。

Tillandsia xiphioides X arequitae

- 說明：此品種屬於中小型的空氣鳳梨。其葉子的紋路清晰明顯，稍微有硬度。外型可愛又討喜，會令人眼睛一亮。容易種植。喜歡充足的日照和水分及通風良好的環境。可以露天種植。

no. 376 Tillandsia xiphioides X stricta

- 說明：此品種屬於中小型的空氣鳳梨。葉子修長，具有厚實的葉片。開花時，花莖有往下延伸的特性。開淡紫色的瓣狀花。容易種植，容易叢生，喜歡水分及通風明亮的環境。可以露天種植。

no. 376 Tillandsia (concolor X fasciculate) X (xerographica X roland-gosselinii)

- 說明：此品種屬於中型的空氣鳳梨。具有四種空鳳基因的品種，外型貌似大型的Til.concolor。開花時，會伸出劍型的花梗。容易種植，喜歡水分及通風明亮的環境。

no. 376 Vriesea `Mariae` X Tillandsia multicaulis

- 說明：此品種屬於中型的空氣鳳梨，是跨屬的交配種。在本地種植，建議盆植為佳。容易種植，喜歡水分及通風明亮的環境。

三、空氣鳳梨一般常見的栽種場所

　　空氣鳳梨是一種非常適合都會區種植的植物，它可以不用介質，也可以綁在漂流木上、黏在石頭上、或直接用鋁線吊著，甚至於隨便亂放，就能夠存活。所以在自己家裡的頂樓、露臺，或是在陽臺、窗戶邊都能種植。為了能讓您了解可以在何處種植空氣鳳梨，筆者大略拍攝了一些花友栽種場所的照片給各位參考。如下圖所示：

一般在我們居住的地方，可利用的空氣鳳梨種植環境有限，且多多少少都有其優缺點。為了能讓讀者很快的了解空氣鳳梨的種植環境，進而妥善加以利用，而得以將空氣鳳梨種得健康又漂亮。茲將空氣鳳梨的種植環境大致上分為四類，其分別為陽台或窗台的環境、雨棚的環境、露天的環境、庭院的環境，分述如下：

1. 陽台或窗台的環境：

在寸土寸金的都會區中，有很多花友是住在大樓或公寓裡，並沒有寬敞的樓頂或土地可以栽種空氣鳳梨，但是只要您能妥善利用，仍然可以在「陽台或窗台」裡種植很多空氣鳳梨。而究竟要如何利用空間呢？您可以利用鋁線將空氣鳳梨吊起來或直接將空氣鳳梨綁在木頭上等方法，都是善用空間將空氣鳳梨種植越來越多的方式之一。

一般在「陽台或窗台」的通風度都不錯，只要有明亮的光線和每天有數小數時日照的地點，都是不錯的選擇。如果您的「陽台或窗台」的光線多又通風良好，那麼您每週澆水的次數就要多一點。如果您的「陽台或窗台」只有明亮光線，那麼您每週澆水的次數，就要減少，最好不要天天澆水，以免您的空氣鳳梨爛掉。如果您的「陽台或窗台」只有光線強卻不通風，那只有視您的空氣

鳳梨本身的乾燥程度，來決定澆水的次數。

2. 雨棚的環境：

一般在「雨棚」下種植空氣鳳梨，是很好的一個選擇。您可以先依據您種植的空氣鳳梨所屬的屬性來分門別類，再來決定其該放置的地點。並且可以依據天氣、通風度及空氣鳳梨本身乾燥的程度等因素，來決定澆不澆水。

在「屋頂的雨棚」下，會常常因為天氣太熱，而使得空氣鳳梨看起來特別乾燥，建議可以用「盆植」的方式來種植，以維持其濕度。另外，您也可以在晚上九點以後，等地板的溫度降低時，再將地面淋溼，儘量保持種植環境的濕度。

當收集的空氣鳳梨品種越來越多時，您應該會發現您的種植環境「通風度」會變差。所以要澆水時，您就要特別注意，每一顆空氣鳳梨的乾燥程度，再來決定每週澆水的次數。尤其是在雨季或颱風季節時，就要特別注意您所栽種的空氣鳳梨，本身的乾燥程度，再來決定澆不澆水，以免您種植的空氣鳳梨有所損傷。

3. 露天的環境：

　　空氣鳳梨在原產地，本來就是生長在「露天的環境」。只是因為其品種眾多，生長地點不一樣而已。空氣鳳梨的原產地，從海濱、樹上、懸崖、山谷、沙漠、河邊……等地方，都有機會見到空氣鳳梨。所以，在本地能採用「露天種植」的方式，花友們也不用太過於驚訝！

　　目前在坊間有很多花友認為，不能在「露天」下種植空氣鳳梨、空氣鳳梨不能長期淋雨，這樣的觀念是對的嗎？也對，也不對。為什麼呢？那是因為空氣鳳梨的原產地環境和我們這裡的環境不一樣，而且空氣鳳梨的品種眾多，其生長模式也不盡相同。所以要在「露天環境」下種植，則必須先根據您所種植空氣鳳梨的屬性，來選擇其適合種植的位置，即可順利的種植成功。根據筆者多年的種植經驗中得知，適合在「露天環境」種植的空氣鳳梨品種，一般以葉子較厚、銀葉系的空氣鳳梨居多，例如：Til.chiapensis、Til.duratii。而在引入本地的空氣鳳梨交配種中，也有很多品種，能夠很快適應本地的露天種植環境，例如Til.arequitae X duratii、Til. ionantha X schiedeana。

　　如果您想要在「露天」下種植空氣鳳梨，最好在剛購買回來時，先在「半日照」的環境下，種植一段時間，等空氣鳳梨適應本地環境後，再移至「露天」下種植。

　　筆者建議想在「露天」下種植的栽種者，最好是在冬季或春季時，購買空氣鳳梨。因為，此時本地的溫度比較低，而一般市面上（進口）的空氣鳳梨，大部份是經過人工培育。如果在這個時期，購買到的空氣鳳梨，它會比較快適應我們這邊的環境。但是，如果您是在夏季或初秋購買到剛進口的空氣鳳梨，就直接放在「露天」下種植，常常會因為本地的溫度較高，又適逢雨季的話，此時會有細菌容易滋生、葉芯不容易乾燥……等問題產生，使得剛進口的空氣鳳梨植株，因為適應不了這裡的環境，而導致損傷或死亡。除非，您能百分之百的確定，是購買到已馴化的空氣鳳梨植株，那它折損的機率，就相對的比較小。

　　另外，筆者還要建議空氣鳳梨入門者，不適合馬上採用「露天」下種植的方式，去種植空氣鳳梨。因為您自己並不完全了解空氣鳳梨各自的屬性及您本身對空氣鳳梨如何栽種的要領也尚不熟

悉，而驟然採用此種方式去種植，是很危險的作法，容易損失慘重，導致失去種植空氣鳳梨的信心，應該要等您日後逐漸累積經驗後，再進行「露天」下的種植，會是比較妥當的作法。

4. 庭院的環境：

空氣鳳梨在國外是一種裝飾植物，且在庭院的設計上，也常常將它拿來當作造景之用。所以我們在自己的庭院上種植空氣鳳梨，也是一個不錯的選擇。因為我們在庭院裡，也會栽種一些不一樣種類的其他植物。而在庭院的環境裡，要如何栽種空氣鳳梨呢？其方式有很多，如將空氣鳳梨直接依附在已長大的木本植物的樹枝上、用鋁線將空氣鳳梨吊在大型木本植物的上面、將空氣鳳梨種在漂流木上面、空氣鳳梨也可以和盆植的植物一起生長……。

在這種庭院的環境裡，栽種者會因為平時在幫別種植物澆水時，而無形中增加了庭院的濕度，也讓空氣鳳梨因此而增加吸水的機會。更使得空氣鳳梨能長得更加健壯又漂亮。但是，在這種濕度高的種植環境裡，必須要特別注意「通風」及「日照」。因為，空氣鳳梨常會因通風不良或擺放在日照不足之處，導致很容易爛掉。所以，栽種者在「庭院的種植環境」中，要選對擺放空氣鳳梨的地點及平時在對庭院的植物澆水時，都要特別小心，不可不慎啊！

四、空氣鳳梨是怕水的嗎？

相信有很多空氣鳳梨的花友都沒有注意到空氣鳳梨原產地的環境，和我們種植的環境，究竟有什麼不一樣呢？像空氣鳳梨種植的環境通不通風呢？需不需要日照呢？而空氣鳳梨在原產地所吸收的水，又是從何處來的呢?多久才會吸收一次水呢?在我們這裡的環境下，又該如何種植呢？剛接觸到空氣鳳梨的花友，似乎只是從業者及同好間口耳相傳或從網路上所得到的資訊，來得知如何種植空氣鳳梨的方式。也常常在好奇心的驅使下，種了自己的第一棵空氣鳳梨……。

然而，隨著花友們所收集的空氣鳳梨品種不斷的增加。漸漸的，花友們就會發現到空氣鳳梨可以種植的方式，好像並不是只有當初聽到的那樣子：「空氣鳳梨不能澆太多水、隨便綁在樹枝上、黏在石頭上、一星期澆水二次至三次……，就可以存活。」

空氣鳳梨在原產地，並沒有人幫它們澆水。也沒有人在它們上空加蓋雨棚，以阻止大量雨水的澆灌。空氣鳳梨在原產地，一切就只能看老天爺給它們的臉色。所以在高原沙漠、降雨量少的地區，空氣鳳梨在型態上就有一些改變，例如在葉片上的絨毛（trichome），會特別的增生。或者在葉子上做些改變，來增加集水的機會；而在沼澤地帶、雨林、海岸沙漠……等地區的空氣鳳梨，為了生存，它們也各自發展出許多不一樣型態的外觀，來適應原產地的環境。

在空氣鳳梨的原產地，有雨季、也有颱風，在那些種種天候因素之下，空氣鳳梨也是必須受到大自然的無情考驗。例如：老天爺不會一星期平均給它二至三次水、在大自然的環境中，老天爺也不會主動幫那些空氣鳳梨遮風避雨。而且，在雨林中的空氣鳳梨，它所得到的水，可以說是超多。所以說，空氣鳳梨會如同坊間所說─它是怕水的嗎？ 這實在是值得大家去深思的一個問題啊！

空氣鳳梨在原產地的分佈非常廣泛。從海邊的岩石峭壁、樹上到高山寒漠、雨林、沙漠、沼澤、內陸湖……等，都可發現其蹤跡。所以空氣鳳梨的生長環境，差異非常大。而空氣鳳梨

究竟應該如何管理呢？這可是一個大問題啊！基本上，空氣鳳梨是非常愛水、生命力又很強的一種植物。相信許多讀者看到這段話時，可能會覺得很懷疑，空氣鳳梨怎麼會是非常愛水的一種植物呢？一般在坊間常常聽到：「空氣鳳梨是一種很耐命又很好種植的植物，只要澆一點水，就能成長、開花。而且不要讓空氣鳳梨的葉芯積到水，不然，很容易死亡的……。」可是太多的水不是會爛掉嗎？空氣鳳梨怎麼會是一種愛「水」的植物呢？其實，這是有根據的。筆者在這裡舉兩個例子，分述如下：

例一：

在秘魯的高山寒漠，有時候終年都沒有下雨，在那裡生活的空氣鳳梨是如何生存的呢？又怎麼會說是它是愛水的呢？我們以Tillandsia tectorum為代表來說明。Tillandsia tectorum在高山的寒漠中，為了求生存，也為了反射高山的強光，所以將自己葉子演化成細長、銀白色的樣貌，更為了能有效攔截、吸收空氣中的水份，其葉子上的絨毛(trichome)更是因此而增生發達。

而且在Tillandsia tectorum的原產地秘魯、厄瓜多爾的高山寒漠，一般時期的白天是乾燥的氣候。到了晚上，情況就和白天不一樣了。溫度會大大的

降低，而在空氣中則佈滿了霧氣。在此時，空氣鳳梨的葉子上所增生的絨毛（trichome），就大大發揮它的功能－幫忙攔截水氣，以利其植株吸收水份。這時候的空氣鳳梨，可以說是完全被霧氣所包覆。這種情況就一直持續到早上，霧氣才會被上升的太陽慢慢所蒸散。所以，由此例來看，我們可以得知，空氣鳳梨是一種喜歡「水」的植物。

例二：

相信讀者們應該知道駱馬、仙人掌，是生存在安第斯山脈中，兩種很耐旱的生物。而其中有一部份品種的空氣鳳梨，也是生存在這種環境下。當夜晚來臨時，迎向海洋的安第斯山脈，承受著強大的海風，所夾帶的大量水氣侵襲。在此時，陸地上的植物，就被大量的水氣所包覆。所以仙人掌、空氣鳳梨等植物，也是會被迷漫的水氣所包圍著。當然，空氣鳳梨會趁這時候，利用葉子演化成的葉杯或增生的絨毛等構造來集水或攔截水份，也趁此時儘量多吸收水份。等到清晨來臨時，水氣則會慢慢散去，而留在植物表面上的水份，也會很快的被漸漸上升的太陽給蒸發。所以，由此例來看，我們更可以得知，空氣鳳梨是一種喜歡「水」的植物。

五、空氣鳳梨在本地的開花季節 *Tillandsia*

相信許多花友去購買空氣鳳梨時，常常發現在業者那邊或多或少都有開花的空氣鳳梨，可是有時候購買回來後，自己原來所購買的那棵空氣鳳梨，不見得會開花。弄得自己也搞不清楚，空氣鳳梨到底什麼時候會開花呢？

為什麼空氣鳳梨在這裡的環境會不開花呢？那是因為空氣鳳梨的原產地和我們這裡的環境並不一樣。所以在原產地會開花的品種，不見得會在我們這邊的環境開花。如果花友問：「什麼時候能看見空氣鳳梨開花呢？」依筆者十多年來的經驗中得知，一年四季都有機會看到空氣鳳梨開花，其開花的季節大都集中在「深秋」到隔年的「夏初」。所以在那段時間，我們可以看到多數品種的空氣鳳梨開花，而少部份的空氣鳳梨則會在「夏天」或「秋天」看到其開花。至於花友們將空氣鳳梨買回去後，為什麼不會開花呢？這有很多種原因，

筆者大致分述如下：

1. 空氣鳳梨植株不夠健壯：

花友們買回去的空氣鳳梨開完花後，生了許多側芽，然而側芽因為平均吸收了其母株的養分，卻長得不夠健壯。所以到了開花期時，就沒有如期開花。

2. 日照量不夠：

大部份的空氣鳳梨是喜歡陽光的植物，如果您種植環境的光線不夠，其植株就不會開花。

3. 空氣鳳梨的年齡太小：

有時候您購買進來的空氣鳳梨是由種子播種的實生苗，可能會因為其年齡太小，還未達到開花的年齡。那您就必須再種植一段時間後，才會有機會看到其開花。

4. 環境因素：

空氣鳳梨在原產地會開花，可能是因為原產地的溫差大、溼度夠……等種種因素，所以，到了開花季節時，自然都會開花。但是在本地的環境，可能因欠缺某些要件，所以，我們常常只見到空氣鳳梨成長，而見不到其開花。

5. 照顧得太好：

植物有時候會因為氮肥過多及生活得太舒服，而不願意開花。其反而會因處在惡劣的環境下，為了種族的生存，而不得不趕快開花，繁衍後代。所以，對空氣鳳梨而言，也是一樣的道理。

6. 栽種者的管理方式：

空氣鳳梨開不開花，與栽種者對空氣鳳梨的管理佔有很重要的因素。栽種者將空氣鳳梨，種在全日照、半日照、有無施肥……等因素，都是非常重要的。例如，我們以在同一個地區、同一個品種來說，會因為不同的栽種者其管理的方法不同，產生的結果就不一樣。我們可以更深入的來說，一個是熟練又勤於照顧空氣鳳梨的栽種者，其所種植的空氣鳳梨中的某一些品種，有機會一年開二至三次花。而另一個熟練卻疏於管理的栽種者，其所栽種的同一品種的空氣鳳梨，開花的機會就不大，有可能是幾年才開一次花。

總之，空氣鳳梨在本地會不會開花，有許多可知及不可知的的因素存在。但是空氣鳳梨的花友們，更不可不知－空氣鳳梨在開花季節的前後，是空氣鳳梨「長側芽」的重要時期。雖然空氣鳳梨是多年生的草本植物，可是它的一生只開一次花。而且其在開完花後，並不會馬上死掉，反而會繁衍出下一代。這也是空氣鳳梨迷人的地方之一。

所以，在空氣鳳梨的開花季節時，若花友見到同一棵空氣鳳梨有數個花梗，或者在某一段時間內，見到同一棵空氣鳳梨，開過花後又再次開花，就以為空氣鳳梨一生可以開好幾次花，那是錯誤的觀念。因為那些又開花的植株，往往是側芽尚未長大（側芽長大後，那是一個個體，也算是另一棵），就因為氣候、肥料⋯⋯等因素的刺激，轉而發展成花芽，進而變成花莖來開花。所以，當您下次遇到這種情況時，千萬不要真的以為，同一棵空氣鳳梨可以開好幾次花呢！

圖中的小芽尚未長大成株，就因氣候、肥料等因素的刺激，使得旁邊的小芽很明顯長出花莖。

圖中的空氣鳳梨有四個側芽，因為氣候、肥料⋯⋯等因素的刺激，使得側芽尚未順利成長，就已轉變成花莖，到後來就直接開花了。

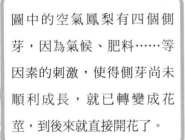

六、空氣鳳梨在本土環境的管理方式 *Tillandsia*

空氣鳳梨是原產於國外的一種裝飾、觀賞造景的植物。對於剛接觸空氣鳳梨或者不懂空氣鳳梨的花友而言，根本不知道它們各自的習性，也不知該如何去種植。所以，也只能從業者、同好或網路上所查詢到的資料中去摸索，以致於有時候會因得到錯誤的資訊，而以訛傳訛，弄得灰頭土臉，最後損失慘重。為了能讓空氣鳳梨初入門者，能很快的進入狀況。筆者特別將一般坊間的空氣鳳梨照顧方式與筆者多年來的空氣鳳梨種植經驗，拿來互相做對照。希望您在看完後，能因此而找到適合自己種植空氣鳳梨的方式。筆者茲將其內容大致分述如下：

（一）一般坊間常見的照顧方法：

目前在台灣的空氣鳳梨的花友，對空氣鳳梨的管理方法，不外乎是從販賣空氣鳳梨的業者、網路資訊、坊間的雜誌及外文書籍或同好間彼此的經驗交流……等等的諸多管道中得知如何照顧空氣鳳梨。其照顧方式，筆者簡單介紹如下：

空氣鳳梨，它是一種不用花很多時間去照顧的懶人植物。它可以不用靠根來吸收水分，只靠葉子吸收空氣中的水份，就可以存活。而且空氣鳳梨本身非常耐旱、不須要種在泥土裡，只要用鋁

線將其吊著或將它綁在漂流木上，就可以讓其成長和開花。甚至到最後，它還會繁殖出越來越多的子代。所以，這是最適合繁忙的城市人所栽種的一種懶人植物。

空氣鳳梨究竟要如何澆水呢？空氣鳳梨只要一星期澆水２～３次，澆完水後，記得要儘快讓空氣鳳梨保持乾燥、要立刻把空氣鳳梨倒吊，不要讓其葉芯積水，否則很容易爛掉、雨季時須將其移至雨棚下避雨………。

以上坊間這些說法，對初入門種植空氣鳳梨的人而言，是比較保險的方法。然而，以這些方式種植去種植空氣鳳梨，空氣鳳梨就會比較漂亮或不會死亡嗎？那倒不一定。常常還是有失敗的例子發生，而使得許多空氣鳳梨的入門者，因此失去種植的信心，不願意再去種植空氣鳳梨。

（二）空氣鳳梨在本土環境的管理方式：

空氣鳳梨怕水嗎？空氣鳳梨不愛水嗎？親愛的讀者們，看到這裡，相信各位應該心裏有數了。在大自然的空氣鳳梨，應該是天天吸水、是非常愛水的（它既不怕水、又喜歡水）。現在就讓我們言歸正傳，空氣鳳梨在我們這裡的環境，又該如何種植呢？又該如何去照顧，才能使空氣鳳梨健康又漂亮呢？

筆者認為在我們這裡的環境，「通風」是種植環境的「第一要素」，其次是「陽光」、「空氣」、「水」，三個要素。這四個要素若能搭配得宜，那您的空氣鳳梨自然是能種得健康又漂亮。為什麼一般人的說法，不是天天澆水，而是一星期給水兩次至三次呢？那是因為在空氣鳳梨原產地的氣候，和我們這裏的氣候不大一樣，尤其是在高海拔地區。在空氣鳳梨的原產地－高海拔地區的空氣比較稀薄、乾燥。因此，在那種環境的陽光照射之下，皮膚的感覺是暖暖的。而在我們這裡的環境是屬於海島型氣候，平常的空氣濕度，就非常高。在這種陽光的照射之下，感覺是燙又溼黏。所以當空氣鳳梨的葉芯在積水的情況下，又遇上了夏季的豔陽高照，空氣鳳梨是很容易被燙死或折損。

在原產地空氣鳳梨的品種很多，分佈也很廣。從幾乎不下雨的高山寒漠，到常常下雨的雨林都有。而在本地栽種空氣鳳梨的花友們，種植的環境不一定都一樣(如日照、通風、水分、溼度……等)，個人管理的方式也不盡相同。目前坊間常見的管理方式，是為了給剛接觸空氣鳳梨的花友們比較保險的澆水方式，才會建議一星期給水兩次至三次。所以，到底該如何種植空氣鳳梨呢？由於每一位花友所種植的品種、種植的方式和地點都不盡相同。所以筆者僅依據自己多年來的經驗，將種植空氣鳳梨的方式，大致歸納如下，僅供給各位讀者參考。煩請各位花友依據自己種植的環境，來自行斟酌、自行分類、並加以調整，以達到自己最好的管理方式。茲將其分述如下：

1. 通風：

「通風」對植物而言是很重要的條件之一。當植物生長在「通風不良」的地方，會很容易引起「病蟲害」。對空氣鳳梨而言，「通風」的重要性，是遠大於「水份」及「光線」。在水份不足、光線不夠時，空氣鳳梨還能忍受一段時間，不至於快速死亡。為什麼呢？筆者在這裡簡單的舉一個例子：曾經有一次，筆者在進口空氣鳳梨時，國外業者通知我已經出貨，結果我等了二十八天才收到空氣鳳梨。在那種不見天日、沒有水、沒有光線的運送環境下，那一批空氣鳳梨的存活率居然近百分之百。相反的，在我們的種植環境中，當空氣鳳梨在悶熱不通風、葉芯又積到水的情況下，空氣鳳梨是會很容易死於不知不覺中，等到您發現時，常常已經來不及搶救了。所以，在筆者多年來種植空氣鳳梨的經驗中得知，一般的空氣鳳梨，種植在「通風良好」的環境裏，又搭配「適當的光照」，它不但能承受「大量水份的澆灌」，而且還會成長得非常健壯、又漂亮。

2. 日照：

綠色植物需要「日照」來促進生長。因為綠色植物體內的葉綠素，可經由陽光、水分和二氧化碳來製造養分。而由於空氣鳳梨原產地分佈非常廣，從美國、墨西哥、巴西、哥斯大黎加、中、南美州及西印度群島等地都有。其生長海拔從海濱到高山寒漠也都可見其蹤跡。所以，不同品種的空氣鳳梨所需要的日照量也不盡相同。筆者大致將之分別描述如下：

A. 銀葉系、絨毛發達的品種：

銀葉系、絨毛發達的品種，如：Til.albida、Til.arhiza、Til.arequitae、Til.balsasensis、Til.cardenasii、Til.chiapensis、Til.ehlersiana、Til.harrisii、Til.tectorum、Til.xerographica、……等。建議以「全日照」來種植是比較適當的方式。

B. 綠色系、葉子比較硬的品種：

綠色系、葉子比較硬的品種，如：Til.aeranthos、Til.araujei、Til.baileyi、Til.balbisiana、Til.bulbosa、Til.califanii、Til.concolor、Til.didisticha、Til.diaguitensis、Til.fasciculata、、Til.pseudobaileyi……等，也適合「全日照」來栽種。

C. 綠色系、葉子較薄、較軟的品種：

綠色系、葉子較薄、較軟的品種，如：Til.anceps、Til.complanata、Til.deppeana、Til.dodsonii、Til.geminiflora、Til.globosa、Til.lampropoda、Til.narthecioides、Til.scaligera、Til.umbellata、Til.wagneriana……等，比較適合以「半日照」來照顧。

D. 葉子細長、絨毛發達，葉芯又容易吸水的品種：

葉子細長、絨毛發達，葉芯又容易吸水的品種，如Til.andrieuxii、Til.atroviridipetala、Til.cacticola、Til.caerulea、Til.ignesiae、Til.incarnata、Til.lepidosepala、Til.magnusiana、Til.matudae、Til.plumosa……等。栽種者在這裡千萬要特別注意，此類的品種一定要避免在葉芯未乾燥時，就放在炎熱的天氣下曝曬。它很容易會在葉芯積水時，就被升高的溫度燙死。同樣的，這一類的品種建議您，最好是在「雨棚下」種植。不要讓它長期淋雨，以免會很容易爛掉。且此類品種應該栽種在「通風良好」的地點，可採「半日照」的方式種植。

空氣鳳梨非常喜愛陽光。如果您種植空氣鳳梨的地點，日照量不足時，空氣鳳梨的「葉子」會有「徒長」的現象。因此，同一種品種的空氣鳳梨，在不同的地方種植，有時候就會呈現出不同的樣貌，甚至於會不開花。

所以，當您的空氣鳳梨已經長到可

以開花的規格時，卻仍然沒有開花的跡象時，那就請增加「日照量」。這樣您的空氣鳳梨開花的機會，就會增加許多！

3. 空氣（濕度）與澆水的次數：

　　一般的空氣鳳梨都能利用空氣中的水份。所以栽種者在種植空氣鳳梨的地點，可以依其「空氣濕度」的多寡，來決定澆水的次數。其內容大致分述如下：

A. 在「山區」：

　　一般在傍晚時，山區的霧氣會持續增加，一直沿續到早晨，霧氣才會散去。這種情形，和原產地很相似。如果您能再配合足夠的日照量及良好的通風，那您的空氣鳳梨就會生長得很漂亮。所以「在山區」，對一般的空氣鳳梨來說，澆水的次數，可以減少，甚至於可以不用澆水 。而對一般綠色系、軟葉子的品種（如Til.anceps），還是需要澆水。當然，若您有適當的澆水及施肥，空氣鳳梨自然會長得健康又漂亮。而在鄉間、近水源處……等溼度較高的地區，澆水次數就可如同一般坊間的說法：「一星期澆水兩次至三次。」即可。

B. 在「大都會區」：

　　由於人類的活動非常頻繁，使得在空氣中的水份，不足以讓空氣鳳梨吸收。除非是在下雨天時，空氣中的濕度夠，才足以讓空氣鳳梨吸收水分。而筆者在這裡的意思是指非種植在「露天」下的空氣鳳梨而言。一般來說，容易吸收空氣中水份的空氣鳳梨以銀葉系、絨毛清楚的品種為主，如Til.chiapensis。而綠色系、葉面光滑的品種，還是須要澆水，如Til.umbellata。所以，為了讓讀者能瞭解，當在「大都會區」的空氣濕度不同時，該如何去調配澆水的次數。筆者茲將其歸納為兩大要點，分述如下：

a. 在雨棚下、陽台上：

　　一般對種植在「雨棚」下、「陽台」上的空氣鳳梨而言，在天氣晴朗、通風良好時，可以天天澆水。在悶熱的時期，一星期澆水二、三次就可以。當然，下雨時，空氣鳳梨澆水的時間，則須視空氣鳳梨本身乾燥的程度來給水。

b. 在通風的「露天環境」下：

　　一般對在通風的「露天環境」下，種植的空氣鳳梨而言，則必須視天氣來調整澆水的次數。例如：在天氣晴朗、通風良好時，可以天天澆水。在悶熱的時期，最好也是天天澆水。當然，下雨時，就請雨神幫忙即可。如果您種植的環境，通風度不是很好，空氣鳳梨的乾燥速度也不是很快的話，那麼您澆水的次數，也就可以如同一般坊間的說法：「一星期澆水兩次至三次。」

　　以上澆水的次數是僅供花友們參

考，實際上的操作方法，則必須由栽種者自己去判斷。記得要先考量自己的種植環境、自己所栽種空氣鳳梨的各自屬性、空氣鳳梨本身所需要水的程度及乾燥程度的快慢等因素後，再來決定澆水的次數。而且栽種者還必須隨時觀察每一年四季天氣的變化，再來斟酌的每週澆水的次數。相信只要你能正確抓準空氣鳳梨各自的特性，那麼你所栽種的空氣鳳梨，就會活得健康又快樂。

4. 正確的澆水方式 :

空氣鳳梨要如何種得健康又漂亮呢？「水」對空氣鳳梨而言，也是不可或缺的要素之一。空氣鳳梨的「澆水時間」，最好選擇「晚上澆水」，而且必須把握「一次灌足」的原則。這個原則是比較能符合一般空氣鳳梨「晚間大量吸水」的習性。但是，請您千萬要記得，不要學"一些坊間"的說法，只要直接拿噴槍把空氣鳳梨的葉子噴濕就好。這樣子的做法，常常會讓空氣鳳梨水分吸收不夠，並不能產生很好的效果。

一定也有人會問：「早上可不可以澆水呢？」筆者建議，最好不要。除非您是在清晨澆水。因為在早上澆水後，往往空氣鳳梨尚未將附在表面的水份完全吸收，就被上昇的太陽強烈照射，再加上水珠本身會有「放大鏡」的效果，如此一來，空氣鳳梨很容易被煮死了。例如以絨毛發達、細葉型的空氣鳳梨，

會比較明顯發生。如Til.andrieuxii、Til.atroviridipetala、Til.cacticola、Til.caerulea、Til.ignesiae、Til.incarnata、Til.lepidosepala、Til.magnusiana、Til.matudae、Til.plumosa……等。

另外值得一提的是，在筆者的多年種植經驗中，還有一個類似的情況發生，那就是當空氣鳳梨的葉子，在太陽上昇後，已經吸收了太陽的一些能量。突然又受到澆水的刺激後，葉芯的溫度會驟然下降，而又會中和了先前已吸收的太陽能量，造成葉芯的溫度產生劇烈變化。此時，葉芯若再吸收到高空中的太陽能量，其葉芯的溫度又會再次上升，導致空氣鳳梨的葉芯包含著熱水，且在此時，整個葉芯的溫度又會再次產生急劇的大變化，使得空氣鳳梨因受不了刺激而死亡。在發生初期時，光由其外觀常常會看不出來。一般常發生在葉子較軟的綠色系品種身上，如：Til.anceps、Til.complanata、Til.deppeana、Til.dodsonii、Til.geminiflora、Til.globosa、Til.lampropoda、Til.narthecioides、Til.scaligera、Til.umbellata、Til.wagneriana……等。

所以，在筆者自己對空氣鳳梨的實驗及多年種植空氣鳳梨的經驗中，發現空氣鳳梨因為「早上澆水」而出問題的時期，以「夏」、「秋」二個季節和「平常悶熱」的日子，最容易發生。而

在「冬天」及「平常涼爽」的天氣裏，則有機會能平安渡過。所以，為了您的空氣鳳梨能栽種順利，筆者才會建議您「晚上澆水」，會比「白天澆水」安全。

筆者時常聽到有人說：「種植空氣鳳梨不須要給太多水，吸收空氣中的水份，就可以了。」這句話也對，也不一定對。部份的空氣鳳梨在原產地，靠吸收空氣中的水氣就能存活，這是對的。可是，在我們本地種植空氣鳳梨環境中的水氣，足夠讓空氣鳳梨吸收嗎？所以，這句話也不一定對。空氣鳳梨在我們這裡要種得漂亮，就必須要有足夠的水份。然而，「不適當的給水」，往往是造成空氣鳳梨傷亡的原因之一。「水」是種植空氣鳳梨的一大關鍵，而「給水的時間」更是不可不慎啊！

5. 施肥要點：

我們都知道，種植空氣鳳梨的花友們，常常會為了讓自己的空氣鳳梨長得快又漂亮或為了促進其開花，而對空氣鳳梨不斷的「施肥」。結果常常是因為沒有好好掌握「施肥的時機」，而導致反效果。究竟空氣鳳梨應該如何施肥，才能使空氣鳳梨長得健康又漂亮呢？筆者茲將如何施肥的原則，大略分述如下：

A. 把握「寧淡勿肥」的原則：

空氣鳳梨本身長得慢，常常看不出來施肥的效果。為了要讓空氣

鳳梨快速生長，很多人會不自覺的添加肥料的濃度，以至於施肥過度而不自知。所以，有一些花友施重肥過後幾天，就會看到空氣鳳梨快速生長，殊不知在那個時候，空氣鳳梨已經受到肥料的毒害，甚至於死亡了。

空氣鳳梨可以使用市售的水溶性肥料或液態肥料來施肥。但是，一定要記住須比肥料使用說明書上的稀釋濃度更加稀釋。所以請記住一個重點：施肥時，要把握「寧淡勿肥」的原則，千萬不可操之過急啊！

B. 預防肥料的「鹽害」：

植物本身有一個特性，當它遇到環境不適合時，或植物本身已有問題時，會降低對肥料的吸收，甚至於不吸收肥料。所以，當花友施肥過度，又遇到澆水不足的狀況，經過一段時間後，很容易產生「鹽害」。而且「鹽害」會影響植物對水份的吸收，甚至於到最後，植物會有缺水的現象產生。所以，花友在種植空氣鳳梨時，要常常觀察它的生長情況，再來決定是否施肥，以免造成反效果。

C. 天氣太熱時：

天氣太熱時，有些空氣鳳梨會有生長遲緩，甚至於有休眠的情況發生（因為有很多空氣鳳梨是生長在中、高海拔的地區）。一般的空

氣鳳梨對肥料的敏感度非常高,當施肥過度時,栽種者可以見到空氣鳳梨快速生長,或者整株停頓、不生長(這是很兩極化的現象)。殊不知,此時的空氣鳳梨已經受到極大的傷害,甚至於已經死亡了。所以,筆者建議,一星期至二星期施一次肥。同樣的,切記要把握「寧淡勿肥」的原則。

D. 剛買的空氣鳳梨,不要施肥:

空氣鳳梨的愛好者對於剛購入的空氣鳳梨,最好不要施肥。筆者建議花友大約等二～三個星期後,再來施肥。因為業者在什麼時候施肥,我們不知道?而空氣鳳梨到新環境後,是否已適應新環境了嗎?我們也不知道?所以,記得剛買進來的空氣鳳梨,千萬不要施肥(除非您對您買到的空氣鳳梨很有把握)。

6. 分芽:

空氣鳳梨要種得好、種得漂亮,除了「通風」的因素外,「陽光」、「空氣」、「水」,三個要素也缺一不可。當然,在您種植一段時間後,一定會發現空氣鳳梨有子代的產生。而當子代產生時,又應該如何處理呢?

如果讀者們欲讓空氣鳳梨「叢生」,那就不要理它,任由子代在母株上繼續成長。但是,母株上如果有壞死的葉子,最好將它清除,以利通風。再者,也可避免壞死的葉子積到水時,滋生病菌,進而感染到整個叢生的植株。

空氣鳳梨在適應環境時,會長根並附著在木頭上(如右上圖),而且很容易叢生。空氣鳳梨叢生時,別有一番風味。尤其是在開花時期,會令人目不暇給喔!

如果想要「分芽」，最好等到子代長大到約母株的三分之一或二分之一時，再來拔出。最簡單的方式，就是徒手將子代從母株上強力摘下來。而最保險的方式，就是拿刀片或剪刀，將子代從母株上切除。

欲將空氣鳳梨分芽，最簡單的方式，就是徒手將空氣鳳梨強力分開（如圖A～C所示）。最保險的方式，就是拿刀片或用剪刀將個別植株切除（如圖D所示）。

當子代被分出來後，請您記得不可以立刻去栽種它。因為，在這個時候，子代的傷口若碰到水，會很容易受到感染。建議您最好將子代放在有明亮光線（不要放在直射陽光下）、通風處幾天，等其傷口癒合後，再來栽種它。如果您能照這樣去做的話，空氣鳳梨的子代，存活率會比較高。

7. 空氣鳳梨的病蟲害簡述：

　　空氣鳳梨的花友，在種植空氣鳳梨時，常常會因未能好好掌握栽培的要點（如日照、澆水……等）或因自己種植環境的某些因素改變（如不通風或一年四季的天候改變、……等），導致其種植的空氣鳳梨植株生病。所以，筆者茲將栽種空氣鳳梨時，易發生的病蟲害，大略分述如下：

A. 蚜蟲：

　　蚜蟲有時會出現在空氣鳳梨剛生長出來的嫩葉或嫩芽上。因為蚜蟲會吸食空氣鳳梨的嫩葉或嫩芽上的汁液，而導致空氣鳳梨變虛弱或生長遲緩。而且蚜蟲分泌的蜜汁還會吸引螞蟻過來，螞蟻會在空氣鳳梨的植株做巢，還會將空氣鳳梨植株咬得坑坑洞洞的，致使空氣鳳梨的植株生病。處理方法：量少時可用牙籤剔除或毛刷刷除，也可用水沖洗。

B. 介殼蟲：

　　介殼蟲常附著在空氣鳳梨植株的根或莖，它不但會吸食空氣鳳梨植株的汁液，而使空氣鳳梨的生長受到影響，嚴重時會導致空氣鳳梨死亡。且介殼蟲也會分泌蜜汁，招引螞蟻過來，而使得空氣鳳梨的植株受傷，並導致空氣鳳梨的植株生病或死亡。處理方法：在介殼蟲剛發生的初期時，可噴灑酒精後，再用牙籤或毛刷剔除。

C. 螞蟻：

　　螞蟻有時也會在空氣鳳梨的植株上作窩，甚至有時候還會將蚜蟲、介殼蟲等害蟲搬到空氣鳳梨的植株上。這些害蟲常常是清也清不完，令人苦擾！不知道空氣鳳梨的花友們，有沒有發現只要有蚜蟲、介殼蟲在的地方，就常會見到螞蟻出沒呢？為什麼會如此呢？那是因為蚜蟲和介殼蟲本身會分泌蜜汁，而螞蟻又喜歡吸食，所以螞蟻不但會保護牠們，也會協助牠們到處遷移。因此螞蟻和蚜蟲以及螞蟻和介殼蟲彼此是共生的關係。處理方法：可使用螞蟻藥來防治。

D. 老鼠及蟑螂：

　　空氣鳳梨的栽種者，有時會看到空氣鳳梨的葉子，被不明生物啃掉或整株被咬死，那常常是老鼠的傑作。而有時候也會看到空氣鳳梨的花及葉子被咬傷，那也有可能是蟑螂造成的。處理方法：建議您可實地觀察您的種植環境，判斷是可能是哪一種害蟲後，再來決定要使用老鼠藥或蟑螂藥來防治。

E. 軟腐病：

　　「軟腐病」在種植環境通風不良時或高溫悶濕的季節，較容易發生。而此種病發生在空氣鳳梨的身上時，空氣鳳梨的葉片或葉芯會有一股異味，最後會腐爛而死。一般在發現時，常常都已經

來不及治療。處理方法有：

a. 在發生初期時，可先將空氣鳳梨的植株患部切除後，再將此植株移至通風有散漫光線的地方，靜置幾天，等其傷口乾燥後，再來澆水即可。

b. 可用花神等藥劑，每月固定噴灑一次即可。

c. 改善種植場所的通風，亦可有效降低得「軟腐病」的機會。

F. 爛芯：

爛芯常常發生在空氣鳳梨的栽培過程中，有時候會因為栽種者不當的澆水方式、或是天氣劇烈改變、病毒感染等因素而導致爛芯。在發生初期時，栽培者一般都不太會發現，等到最後發現時，植株的葉芯一般都已受到損壞。這時候處理「爛芯」是慢了一些，但還是有機會救活它。而要如何觀察空氣鳳梨

有爛芯的情況發生，其內容分述如下：

a. 當你在為空氣鳳梨澆水時，若發現其中某一棵植株許久未在成長時，請先將此植株拿起來觀察，並輕輕碰觸此植株，看看它是否有軟軟的狀況，並再聞一下它是否有異味？如果有，那就可能已經發生了。

b. 若發現某棵空氣鳳梨中心部份的數片葉子，突然快速成長，請先判斷此植株是否要開花了？如果不是，請稍微晃動一下葉子，如果是爛芯，中心的葉子就會很容易有脫落的情況。處理方法：先將已損壞的葉子清除，並拿刀片或剪刀將壞死的組織清除乾淨，等清除完畢後，再將植株移至通風有明亮光線的地方，先靜置幾天，等其傷口乾燥後，再來澆水即可。

七、空氣鳳梨該如何選購呢？

Tillandsia

空氣鳳梨的入門者在選購空氣鳳梨時，常常不知要如何選購其植株，往往只是憑自己的感覺去購買，所以老是買到不健康的空氣鳳梨植株，進而造成栽種上的困難或死亡。究竟要如何選購空氣鳳梨呢？依據筆者種植空氣鳳梨多年來的栽種經驗，其大致上可分為三個

要點，分述如下：

1. 先觀察空氣鳳梨的外表，看看它的葉子有無太多損傷？因為已損傷的葉子是再也不會恢復。所以，筆者建議您應儘量選購葉子損傷較少的植株，以利您日後的栽種。

2. 將空氣鳳梨拿起來，用手摸摸其植

株基部的部位，看看是否有彈性，而不是軟軟的。因為若其基部摸起來有彈性，則代表它是健康的植株。反之，若它摸起是軟軟的，則代表它有可能是不健康的植株，筆者建議您此時不宜購買，以免有受傷或死亡的風險。

3. 聞一聞空氣鳳梨植株的味道，看看是否有異味？如果沒有異味，則代表它是健康的植株。如果有異味，則代表它可能已經生病或死亡了。因為，有時候剛進口的空氣鳳梨的植株，光由其外表是看不出來它是否已經生病或死亡。所以，請您在做過判斷後，再

來決定要不要購買。

為了能讓空氣鳳梨初入門者，能順利的栽種空氣鳳梨，筆者特別提出如何選購空氣鳳梨的方法，希望能對空氣鳳梨的初入門者有所幫助。因為若您能選購到健康的空氣鳳梨，對於日後的培養和照顧，不但能得心應手，而且事半功倍；若您選購到不健康的空氣鳳梨，不但會增加日後栽種上的困難，甚至會損失慘重。且也有可能因此而失去種植空氣鳳梨的信心，從此不再種植空氣鳳梨。所以，空氣鳳梨初入門者，對於要如何選購空氣鳳梨的方法，不可不慎啊！

八、對空氣鳳梨初入門者的叮嚀　　*Tillandsia*

空氣鳳梨初入門者，常常會犯了一個通病。那就是一看到空氣鳳梨玩家，種植多年的豐碩成果（如巨大的空氣鳳梨）時，感到非常震憾！希望自己也能和空氣鳳梨玩家們一樣，而採取了燥進的方式，去種植空氣鳳梨，卻忘了要停、看、聽，往往到最後損失慘重。所以，您一定要牢牢記住筆者對您的「六大叮嚀」，相信對您日後在空氣鳳梨的種植及管理上，會有很大的助益。茲將其分述如下：

1. 先購買易種植的品種：

空氣鳳梨的入門者，記得一定要先購買易種植的品種，並了解自己所購買的空氣鳳梨屬性，才可增加日後種植空氣鳳梨的信心。且千萬不可一次選購太多的品種，以免造成照顧上的困難。因為空氣鳳梨的種類太多時，其生長習性不一，及栽者本身經驗不足時，常會照顧不週。所以，筆者建議您應先累積一些栽培經驗後，再慢慢增加其他不一樣的品種，如此便可減少空氣鳳梨的損

傷或死亡。

2. 不可太愛澆水：

因為空氣鳳梨在原產地和台灣的生長環境並不一樣。所以，空氣鳳梨的入門者，一定要先為自己的空氣鳳梨找個適合的種植環境，並給予通風的場所、適合的光照及水分。千萬不要因為看到空氣鳳梨外表乾乾的，而動不動就澆水。建議您要澆水的話，應以「一次灌足」為原則。

3. 不可走火入魔：

空氣鳳梨的入門者，在購買空氣鳳梨時，須先衡量一下自己的經濟能力，凡事要量力而為，不可走火入魔。千萬不要因為對空氣鳳梨愛不釋手，而想要一下子就收集很多的空氣鳳梨品種，那不但會讓您的荷苞大失血，也會讓您入不敷出啊！

4. 剛買回來的空氣鳳梨記得要用名牌標示名稱：

空氣鳳梨的入門者要記得在購買空氣鳳梨時，一定要向老闆拿您所購買品種的學名，並且將其學名用名牌標示上去。以免您回到家後，突然忘記它是什麼品種，而必須到處去問別人，或因為日後不知道正確的學名而苦惱不已。另外，也可避免日後因為自己所收集的空氣鳳梨品種太多時，有的品種又長得很像，而搞不清楚自己所購買的空氣鳳梨究竟是哪一個品種，導致無法辨識。

5. 不要施肥過量：

這也是空氣鳳梨初入門者常會犯的通病。因為空氣鳳梨的初入門者，會因為一心想要讓空氣鳳梨的植株快速成長或促進其開花，而動不動的為空氣鳳梨施肥。甚至到最後為了讓它能更加快速的生長，還索性把肥料的濃度提高，導致空氣鳳梨的植株受不了而死亡。所以您千萬要記得施肥要點：「寧淡勿肥」的原則。

6. 不要太燥進，而依樣畫葫蘆：

這對空氣鳳梨入門者也是非常重要的一點。空氣鳳梨入門者，千萬要記得，不要因為看到空氣鳳梨玩家，在「全日照」下種植的空氣鳳梨的植株健壯又漂亮，而想要學習他們的種植方式，馬上將剛購買的空氣鳳梨植株放在「全日照」下種植，這樣對您的空氣鳳梨是很危險的做法。因為不管是購買到人工栽培的植株或者是野採的植株，都要採取「循序漸進」的方式，這是比較安全的作法。筆者建議您應先採取「半日照」的方式，種植您的空氣鳳梨，等您的空氣鳳梨適應一陣子後，再慢慢移往「全日照」的地方種植。否則，您的空氣鳳梨植株會很容易曬傷或死亡。除非，您百分之百確定是向業者或空氣鳳梨的玩家買到已經馴化的空氣鳳梨，才可用如此的方法，去種植您的空氣鳳梨。

相信讀者朋友們看到這裡，對如何種植和管理您的空氣鳳梨，心中應該有了許多主意。那就心動不如行動，趕快去行動吧！將自己現在所擁有的空氣鳳梨，拿出來分析它們各自的特性，並選擇適合它們的條件，將它們放在適合栽種的環境。相信它們會很快回應您的期待。漸漸的，您也會對種植空氣鳳梨越來越有信心，而更加喜歡上空氣鳳梨。在此，筆者也衷心的希望，在看完此書後，每個愛好空氣鳳梨的花友們，都能各自擁有一個美麗又漂亮的空鳳花園。

十、空氣鳳梨的 Q & A　　　*Tillandsia*

1. Q：空氣鳳梨沒有根，到底能不能活？

空氣鳳梨沒有根，是可以活下來的。但在前題之下，是它必須有完整的個體，才能靠其葉子行光合作用、吸收水分及養分。畢竟空氣鳳梨不能像某一些多肉植物一樣，只靠一片葉子，就能存活下去。

2. Q：有人說空氣鳳梨是懶人植物，是不是就不用費心照顧呢？

那可不一定。空氣鳳梨的品種和原產地差異很大，而且栽種者在本地的種植環境又不盡相同。所以，還是必須要靠您自己適時的去觀察和照顧，才能使您的空氣鳳梨長得健康又漂亮。

3. Q：一般市面上常見又容易照顧的空氣鳳梨品種有那些？

以小精靈（Til.ionantha）為首選。小精靈價格平實又容易栽種，而且小精靈的家族眾多、變異性也大。其次為貝可利（Til.brachycaulos）、阿比達（Til.albida）、紫羅蘭（Til.aeranthos）、阿根廷（Til.argentina）、柳葉（Til.balbisiana）、貝利藝（Til.baileyi）、貝姬（Til.bergeri）、阿珠伊（Til.araujei）、女王頭（Til.caput-medusae）、小蝴蝶（Til.bulbosa）……等。這些品種對剛接觸空氣鳳梨的花友來說，都是不錯的選擇！

4. Q：空氣鳳梨入門者該如何種植剛購買的空氣鳳梨？

因為目前市面上販賣的空氣鳳梨，有一部份可能是剛進口不久的未馴化植株，其對本地環境不見得已經適應了。所以建議您在剛購買回去時，最好先將其放在光線明亮處（不要直射日光），並且暫時不要澆水，等它適應幾天後，再來澆水。這樣可以增加空氣鳳梨的存活率。

5. Q：在市面上看到的空氣鳳梨的葉子稍微透明，並帶點（粉）紅色，是不是要開花了？

植物有時候因為外在環境改變，花青素也會跟著改變成紅色、粉紅色等顏色。而一般剛進口的空氣鳳梨，會因國外業者處理及運送過程的關係，導致它的葉子看起來白黃、透明並且帶著粉紅色的顏色。因此若花友購買到那種顏色的空氣鳳梨，有可能是即將要開花的植株，但是不見得一定是要開花的植株，也很有可能是購買到進口不久的植株。所以，有些花友買回去種植後不久，發現其葉子顏色退掉了，常會很納悶。唉！不是要開花了嗎？怎麼不見其開花呢？還一直以為是空氣鳳梨不適應新環境的關係呢！

6. Q：空氣鳳梨要買剛要開花的植株，還是買已開完花的植株？

空氣鳳梨在本地栽種，不見得每個品種都會開花。若你想要馬上就能欣賞空氣鳳梨的花，就可選購剛要開花的植株。不然，可以購買已開完花或健壯的植株。因為一般的空氣鳳梨有機會在開花前後長側芽，這時候購買它，無形中就會有可能增加空氣鳳梨的植株數量。而選購健壯的植株，其存活率就會比較高。

7. Q：坊間說空氣鳳梨怕水，是不是倒著種比較好？

空氣鳳梨在原產地並不是倒著長的。空氣鳳梨也不應該說它怕水，那是因為原生環境（在原產地裡，它是愛水的）和本地環境不一樣。本地雨季時，常常是高溫悶濕的環境，所以在本地種植的空氣鳳梨，有時候會在雨季時被悶死。以致於坊間才會流傳說空氣鳳梨怕水，倒著種植比較好，也比較不會積水。而筆者因為工作的關係，不常回家，為了保持種植環境的濕度，所以很多空氣鳳梨都以「盆植」的方式種植。其實空氣鳳梨並不怕水，只是要看栽種者自己懂不懂得要如何去調配而已。

8. Q：空氣鳳梨應該種在木頭上？還是以鋁線吊著或盆植好？

這個問題並須視栽種者所種植的空氣鳳梨的品種、栽種者的環境、天氣變化及每週澆水的次數而言。如果在露天下種植又天天澆水者，就比較建議種在木頭上。而對不怕水又愛水的空氣鳳梨而言，則比較建議盆植（如創世Til.`Creation`、格蘭迪斯Til.grandis）。

9. Q：空氣鳳梨用熱融膠黏在木頭或石頭上會不會受到傷害？

熱融膠若黏在我們的手上，我們就一定會受傷。同樣的道理，空氣鳳梨也是會受傷。若空氣鳳梨本身夠健康的話，它並不會輕易死掉。如果您照顧空氣鳳梨的方式妥當，空氣鳳梨不但會長根附著在上面，甚至於還會叢生。

10. Q：空氣鳳梨到底是要露天種植好？還是半日照種植好？

空氣鳳梨的品種很多，其產地差異性又很大。所以若在本地種植，對空氣鳳梨入門者而言，一般以「半日照」種植會比較好。而「露天種植」則須視品種的特性而論和栽種者本身的種植經驗多寡來做決定。

11. Q：空氣鳳梨的葉子枯了，需要剪掉嗎？

可剪也可不剪。如果是在葉子的尖端，或者只有一點點，可以不用剪掉。但是，如果是在植株的基部有太多枯葉或是因太陽曬傷而引起的枯葉，筆者建議最好清除它。因為在高溫悶濕的季節裡，那些枯葉含水時，很容易滋生細菌，進而引起整株死亡。

12. Q：空氣鳳梨的葉子若曬傷，該怎麼辦？

若是輕微的曬傷，可將曬傷的葉子清除，待其傷口乾燥後，再澆水即可。若葉子曬傷嚴重時，亦要將曬傷的葉子清除，並將植株移至通風明亮的地方，待其傷口乾燥後，再適時澆水。記住一定要等植株恢復健康後，才可移往原來種植的地方。

13. Q：空氣鳳梨開完花後，它的花梗需不需要剪掉？

空氣鳳梨開花時，有自家交配的機會，如果你要收集種子，請不要剪掉。若你想要早一點看到空氣鳳梨的子代，那你就剪掉它的花梗吧!

14. Q：空氣鳳梨缺水怎麼辦？

空氣鳳梨如果嚴重缺水的話，最快的方式就是拿水桶將空氣鳳梨浸泡三十分鐘至一小時，它就會吸飽水分。但是請千萬記得，事後一定要拿去通風處吊著，以免您的空氣鳳梨爛掉。

15. 一般坊間對空氣鳳梨的照顧方法可行嗎？

一般坊間對空氣鳳梨照顧的方式是可行的。但是要將空氣鳳梨照顧的健康又漂亮，還是要靠栽種者自己平時適時的觀察和照顧。而且也須視空氣鳳梨的品種而定。更要掌握筆者內文中所提及的種植要點，不能全部以同一種方式去種植不一樣品種的空氣鳳梨，這些都是須要靠栽種者自己慢慢去摸索。因為您種植的地方只有您自己最清楚，而每一年四季的光照及濕度等變化因素，不見得也都一樣。

16. Q：空氣鳳梨可以放在客廳或辦公室種植嗎？

空氣鳳梨在國外常拿來當作裝飾植物。也可以放在室內觀賞，但是最好不要超過一星期。因為空氣鳳梨還是須要種植在有「光照」和「通風良好」的環境。除非，您室內的種植環境適合空氣鳳梨，再來考慮吧！

17. Q：空氣鳳梨可以和蘭花一起種植嗎？

大部份的空氣鳳梨是可以和蘭花一起種植。但在前題下，是須要種植在通風、光線充足的地方。因為，在蘭花的種植環境中，濕度夠，空氣鳳梨會長得很漂亮。

18. Q：空氣鳳梨「盆植」時，它的的介質有那一些？又該如何栽種呢？

空氣鳳梨「盆植」時，其介質以蛇木、椰子殼、發泡煉石等吸水性佳、通透度好的介質都可以使用。但是，您一定要記得，空氣鳳梨在盆植時，最好只將空氣鳳梨接觸在其介質之上即可。千萬不要將空氣鳳梨的基部埋入介質之中，以免空氣鳳梨因此而爛掉。並且記得要用鋁線或繩子固定住空氣鳳梨，以免其搖晃，如此才能使其植株順利長根，並能牢牢抓住介質。其實筆者認為將空氣鳳梨種在蛇木板上，也是不錯的選擇。因為蛇木板本身的保濕度及通風度好，容易使空氣鳳梨長根！

19. Q：為什麼購買到的同一種空氣鳳梨其所標示的學名一樣，可是外型卻不大一樣呢？

這裡面包含了很多種原因。其中最有可能的是一：個體差異。二：產地差異。三：變異種（業者沒有把全名寫清楚）。四：不同的來源（空氣鳳梨進口時，有時候會來自不同的繁殖場）。因為同一種空氣鳳梨在不同的地方種植，有時候會呈現出不同的樣貌。這種情況，在交配種比較常見。五：親代的家族眾多，沒有寫清楚。如小精靈（Til.ionantha）、卡比它它（Til.capitata）。六：不同品種。業者拿到標示到同一品種的不同品種，在不知情的情況下出售。　所以，花友們若遇到這些情況，也就只能當做自己又多收集了一顆空氣鳳梨了！

20. Q：空氣鳳梨的根，除了固著的功用外，有沒有吸水的功能呢？

筆者從坊間所蒐集到的資料中得知，空氣鳳梨的根已經退化，除了固著的功用外，並沒有吸水的作用。然而根據筆者種植空氣鳳梨多年來的觀察及實驗裡，發現其結果並不是如此。其主要原因是在筆者幾次實驗和實地觀察—筆者將幾種容易長根的空氣鳳梨盆植並且放在水盆上種植。我們都知道植物的根在生長時，有背光性及向溼性等特性。在平常時，空氣鳳梨的根就如同一般植物一樣，是往介質裡生長並固著在介質上。但是在雨季時，空氣鳳梨的根卻常常是往溼度重而明亮的空中生長，而不是往帶有溼度的介質（蛇木屑或蛇木板）內生長。為什麼會是這樣呢？我們也都知道在雨季時，老天爺會藉由打雷⋯⋯等自然因素，將微量元素及氮肥等元素送回大地。因此，在此時空氣鳳梨的根往空中生長，應該是為了吸收水分及養分。所以筆者認為空氣鳳梨的根不單單只是「固著作用」而已，並且空氣鳳梨的根依然還是具有「吸收水分」和「吸收養分」的功能。

十一、看圖說故事

Tillandsia

請讀者們猜猜看！此頁作者
到底在編排什麼故事呢？

參 考 文 獻

書　名	作　者
Les Tillandsia et les Racinaea	Albert Roguenant 2001.
New Tillandsia Handbook	Hideo Shimizu & Hiroyuki Takizawa , MD. 1998.
Bromeliades Tropical Air Plants	Bill Seaborn 1976.
Bromeliads a cultural handbook	Mulford B. Foster 1974.
A Distributional check-list of the genus Tillandsia.	Lloyd F. Kiff 1991.
Bromelien	Werner Rauh 1990.
Tillandsia The World's Most Unusual Airplants	Paul T . Isley III 1987.
Tillandsioideae in Flora Neotropica.Monograph No.14,part 2. Hafner Press.	Lyman B. Smith & Rpber Jack Downs 1977.
Blooming Bromeliads. Tropic Beauty Publishers.	Baensch,U.1994.

學名索引 Scientific Name Index

124

Tillandsia空氣鳳梨中文圖鑑&教戰守則 / 祝椿貴著.

-- 初版. -- 臺北市 ： 博客思，2009.10

ISBN 978-986-6589-12-6(平裝)

1. 鳳梨 2. 植物圖鑑

435.326026   98018900

空氣鳳梨中文圖鑑&教戰守則

編 著 者：祝椿貴

責任編輯：林巧溱、張加君

美術編輯：J・S

出 版 者：博客思出版社

地　　址：台北市中正區開封街一段20號4樓

電　　話：(02)2331-1675　傳真：(02)2382-6225

總 經 銷：成信文化事業股份有限公司

劃撥戶名：蘭臺出版社　　劃撥帳號：18995335

網路書店：http://www.5w.com.tw

E-MAIL：lt5w.lu@msa.hinet.net　books5w@gmail.com

網路書店：博客來網路書店　http://www.books.com.tw

　　　　　中美書街　　　http://chung-mei.biz

香港總代理：香港聯合零售有限公司

地　　址：香港新界大蒲汀麗路36號中華商務印刷大樓

　　　　　C&C Building,36,Ting Lai Road,Tai Po,New Territories

電　　話：(852)2150-2100　　傳真：(852)2356-0735

出版日期：2009年12月初版

定　　價：新臺幣 680 元

ISBN - 978-986-6589-12-6